自我伤害防治心理学

林昆辉　著

電子工業出版社·

Publishing House of Electronics Industry

北京·BEIJING

C O N T E N T S

CONTENTS

CONTENTS

C O N T E N T S

序言

Part Ⅰ

2005年4月，狂乱的季节。台湾高雄的高中、初中、小学，校园里陆续出事。当校园里出现死亡创伤时，随着手机铃声的响起，我就开始奔波于校园之间。从学生或老师个别心理治疗，案主家属的家族治疗，案主班级的班级治疗，案主亲密友人的团体治疗，目击者团体治疗，年级团体治疗，至全校团体治疗，以及全校生命教育方案的导入……，直到了5月底，才完成了所有的治疗作业。而我，开始结集成书。

身为一名临床心理治疗师，身为台湾自杀防治协会秘书长的我，很清楚地知道：自杀案件发生在家庭或小区时，不论媒体报道得多凶，影响还是有限；可是，自杀案件发生在校园时，它的杀伤力却巨大无比，它造成的间接创伤，幅员之大、波及之广，真是令人惊吓。尤其是老师出现死亡创伤事件，更像原子弹一样，每个学生几乎都难以幸免。

发展出本土自杀防治理论与技术的我，清楚地知道——因为许多人的死亡，许多人的创伤，许多孩子的苦痛与惊恐，才有机会发展出这些技术。不论是台湾自杀防治协会天使专线上的个案，治疗室的个案或校园的个案……，我有机会和他们同生共死，一同喜乐共同患难，才能在众多苦难的生命中，摸索到出生入死的奥秘，才能抚触到心灵深处最轻微的颤栗！

朝向死亡的创伤反应模型，可能是这本书最重要的贡献，我几乎可以在每个字里行间，看到每个个案所造成的生死愁苦与血肉模糊的泪水。校园死亡创伤案件的处遇模型，更是无数孩子的呓言梦语和恐慌失措的挣扎。因为这本书，我更懂得尊重知识。其实，整本书写了什么并不重要，只盼看书的你，伸出手，伸入书页中，摸到我砰然而跳的心。

Part II

自杀防治工程分成三级，第一级是规划与执行能够促进人类心理健康，而不致发生自杀动机与行为的方案。第二级是对于自杀个案所引发之直接与间接危机的危机处遇与治疗作业。第三级是对于自杀未遂者所引发之直接与间接危机的危机处遇与治疗。这三级防治工程，到底由哪些部门的哪些单位，以哪种方式分工合作，发展出、做出哪些效益来呢？很多圈内人和圈外人，都边做边思考这些问题，并且思索着台湾地区人们的自杀防治该何去何从？

只不过，2005 年 3 月起，再用三级防治观念来做来思考，就又赶不上时代的风潮了。因为台湾地区"卫生署"已于 2005 年 3 月制定"全台自杀防治策略行动方案"计划书。计划中已采用澳洲自杀防治专家 Dr.John W.Davies 的宝贵经验，将台湾的自杀防治策略，分成全面性（universal）、选择性（selective）与指标性（indicative）三个子策略，次而在三个子策略的指导方针下，依据短、中、长期签订四年为期的执行策略与方法，以及针对现行相关政策及方案的检讨。

这个于 2005 年 3 月制定，用来指导与执行台湾地区自杀防治的计划，共计为期 4 年，经费 50,620 万台币。大家来猜猜看，各县市卫生局相关层级工作人员，以及公、私、第三部门的工作人员，有多少人看过这个计划，对于接下来这四年有全盘性的了解，而能主动给予配合？

2005 年度的短期目标，重点在于建置自杀防治体系。姑且不论较高层级的台湾自杀防治组织，是否为任务编组？姑且不论各县市心理卫生中心的成员，是否都是具有心理师执照的专业人员？姑且不论没有专业人才专任专事而求之于支持系统，是否在 2005 年底真的可以结束这个权宜之计？其中最后一项"提升通报系统之质量"却令人精神为之振奋，因为这是一项贯穿该计划，全面性、选择性与指标性策略内容的重大工作。

台湾地区"卫生署"于 2001 年 5 月 15 日，行文各县市卫生局，建立辖区自杀个案通报系统以来，引发了怎样令人引颈期盼的曙光，又引爆了怎样令人心惊肉跳的阴霾呢？重点在于：它是建制台湾自杀数据库的第一把金钥，而又操控三级自杀防治工程的核心目标能否完成的关卡。自从县市自杀个案通报系统启动之后，第一个引爆的疑问是：法源的根据？第二个疑问是：访者的专业能力与资源？第三个疑问是：对受访者及其家属的实质效益，是否相称于自杀防治的目标？

第一个疑问：要求各"卫生、社政、教育、劳政、民政、消防、辅导等单位"通报自杀个案是否合法？这纸行政命令，有没有法源的根据呢？有没有和其他的大小法抵触呢？各县市卫生局派遣公共卫生护士进行家访，这是公卫护士于 2001 年起突然增加的一项业务，一项没有奖励办法，还得冒险——心理和身体危险的业务。公卫护士在原本繁重的工作压力下，又遇到以下的问题：第一个是拒访，电访时对方即已拒访。第二个是合法性，对方质问"谁告诉你的？"、"医院泄漏就医信息"、"119 说的吗？"、"小心我告你"。第三个是效益性，家访时能给些什么呢？对案主与家属？只是提供转介精神科的信息吗？第四个是危险性，女性工作人员进入公寓大厦或独栋房屋中，进行陌生拜访，有没有危险性呢？这四个难题，也凸显了上述第二、第三个疑问，尤其又关联到建制台湾自杀数据库的成败。（2003年度台湾地区电访6658人次，家访4343人次，列管3873人，转介621人。您只要查一下2003年台湾地区自杀死亡人口数，再乱猜个自杀未遂人口数，就可以评估您对年度工作成果的满意度了。）

通报的个案包括：自杀死亡及自杀未遂两种个案。通报了4年，为什么还看不到自杀未遂个案的统计数字呢？为什么各县市卫生局还没有统一的通报单元格式呢？为什么还写不出网上通报的程序呢？所有投身自杀防治的实务或研究人员，都迫切地想要知道，到底每个上午、每个下午、每个夜晚、每一天、每一周、每一月、每一季、每半年、每一年，在各个不同的县市乡镇村或地区，有哪些不同基本条件的人（性别、年龄、婚姻、排行、教育、职业、血型、星座、病史与创伤事件等），经历了第几次自杀而死亡，或经历了第几次自杀而未死，以及各次自杀的方式为何？这些数据，将建构成自杀数据库。通报系统功能不畅，数据库就无法建制，所有圈内人就只能像瞎子摸象般，自限于个别的实务经验，而无法建立台湾地区的具体策略、方针与工作目标。

通报或访视或列管的，只限于案主本人吗？当然现行的做法，并不符合自杀防治的积极效益。首先要理清的是，自杀防治不是管制媒体报道自杀的方式、内容与次数，也不是把高危险群或自杀未遂者送精神科用药，所以把罪过或资源都归因或集中在特定的对象上。有七八成自杀个案有忧郁症或精神疾病史，并不代表二者间有因果关系。老人是自杀高危险群，每年自杀人口的分龄统计显示得很清楚，但尚未发展有效的筛检方式，来检出真正的高危险群。军警人员容易取得枪械，自杀致死的机率高，可是也尚未发展有效的筛检方式来检出真正的高危险群。但是自杀未遂者、自杀未遂者家属与自杀死亡者家属，却是清楚明白的三大超高危险群。有关自杀未遂者会有二、三……N次至死方休的自杀行为，已经是一种常识。自杀死亡者家属与自杀未遂者家属，遭受重大死亡创伤，出现自杀意念与自杀行为的研究更是不可胜数。这三大超高危险群，将造成重大的家庭与社会创伤，且严重威胁公共安全。

台湾应该如何面对这三大超高危险群的人呢？最庆幸的是，只要通过有效的通报系统，就可以找得到他们在哪里，就可以掌握这三大超高危险群。然后呢？只是掌握数字和地址吗？对于自杀未遂者，可依其不同的自杀未遂次数与方式，强迫其接受心理衡鉴，并接受不同层级的治疗计划，包括心理治疗、家族治疗与精神科药物治疗等，时间长短不同的疗程。对于自杀死亡者与未遂者家属，可免费提供各项心理衡鉴、心理治疗、家族治疗、精神科药物治疗，或者支持性家属团体、治疗性家属团体、成长性家属团体的课程……等福利（或权利），协助家属有能力面对家庭生命危机，并且执行家庭重建的再造工程。

通报与家访，正是开启当事人（案主与家属），上述义务与福利的源头。通报与家访如果有意义，并不是台湾地区建立自杀数据库，而是针对这三大超高危险群，提供了不同等级的预防与治疗工程，亦即真正的遏阻了自杀现象。政府要做什么事来让这一切成为可能呢？答案是：立法，制定"生命保护法案"。法案中应明白规定：自杀未遂者，有被通报、访视、心理衡鉴与分级治疗之义务；自杀者与自杀未遂者家属，有接受免费咨询、治疗与团体经验的福利（权利）；管区警察、公卫护士、社工师、咨询心理师、临床心理师、精神科医师及相关院所、健保局的应有分工体系。法案中还要明确规定：各级学校每学期，应教授"生命教育"课程之节数。各县市家庭教育中心，每年应提供"家庭生命教育"课程与小区生命教育的时数。各媒体每年应刊载或播放"社会生命教育"相关文章、专栏或节目的时数。

各县市召开公听会，深入研究各种不同领域的意见，详细制订"生命保护法实施细则"，完成"学校、家庭、社会"三种生命教育的建制，以及专业人员院所与健保给付的合理配置，才是高级别自杀防治中心最重要的先遣工作，才是建制台湾自杀数据库的价值工程。

生命保护法案，是政府自杀防治工程最重要的大梁。恳请庙堂诸公、立院贤士提案制法，是为台湾人之大福！

Part III

2009 年岁末，我告诉自己——送上海一条 24 小时危机干预热线。2012 年 12 月 3 日，上海希望 24 热线 400-161-9995 正式开线。接下来就是一个个城市的旅次，因为要送给国内一条家喻户晓的危机干预热线，2015 年 1 月，国内 12 个城市完成 12 个接线室，24 小时全年无休提供 12 条免费的生命危机干预热线——这是 1000 位志愿者呈献给 13 亿中国人的大礼。

从省会级城市到地级市，从在线危机干预到线下生命教育工程。12 间接线室的灯永远辽亮，自我伤害防治工程的系统建构，正点点滴滴地萌芽于这片神州大地。感谢已经加入的伙伴，感谢尚未加入但一直义气相挺的好友。祈以本书提供他山之石，成为神州大地生命教育与危机干预的第一块基石。

林昆辉 2015 年 4 月 27 日于上海

PART 1

自杀与死亡

死亡，让人学会分享彼此的生命；死亡，更让人学会分担彼此的创伤。死亡的创伤，就像刀割火焰一样，烙印在身体和思想上。可是死亡的经验，却不一定让人学会珍爱与分享彼此的生命，更不一定让人学会尊重与分担彼此的创伤。有些人躲在自己的创伤之中，不是一再的重创自己致死；就是一再的重创自己，想让自己不死。前者是自杀，后者是自伤与自残。二者只有一处相同，就是他们都不懂"死亡"，他们都亵渎死亡。

自杀的人，总是以死相逼，逼自己就范。自伤与自残的人，也总是以死相逼，逼他人就范。自杀的人不是很有勇气，敢于自杀。而是错误的人格，让他不快乐；错误的知识与思想路径，让他找不到幸福感。当生命的意义与自我的价值，也被践踏摧残之后，他——病了。自杀是一种病态行为，当他丧失感官知觉能力，丧失理智与行为控制能力，做出伤害自己生命的行为——就是自杀。

台湾地区每年自杀死亡人口，平均约三千人，比九二一大地震死亡的人更多。值得省思的是，我们耗费巨资巨力，来关心九二一幸存的家属。可是，每年自杀死亡者家属与自杀未遂者家属，以及自杀未遂的当事人，这三类人是自杀的最高危险群，却没有获得任何实质的援助与照护。自杀行为，会带给家属和自己巨大无比的创伤，而且创伤严重到足以致死。令人忧虑的是，家属从遭受创伤，到创伤足以致死的漫长历程。同样的，任何人都会遭遇到不可避免的创伤事件，一生中各个创伤事件都会激发各种不同严重性的创伤反应。各个创伤反应的发展，都会交迭在个体生涯发展的历程，而导致从创伤到足以致死的漫长历程。这些漫长的历程，将贯穿当事人与全家人的日常生活，而滋生无尽的哀思与人际的冲突。让家庭生活变得俗不可耐，让婚姻生活变成烦闷无趣，让职场生活变得了无生机。让人觉得生不如死，让人逼迫自己靠近死亡，让人自杀。

第一节　自杀的定义

自杀或许有"基因"的影响，但是从筛检基因下手，进而测量基因发作的历程、激发条件与日期的预测，却非当代人类能力所及的路径。自杀或有童年的"原始创伤"经验，或有由小而大发展历程的"气质"性因素或"心向"。但以时间序列，向后倒推来归因的"事件归因"模式，却也无法从"撞针事件"，直接联结（或还原）到哪一个或数个"原点事件"。因为没人知道化约的时点，到底该停留在哪里才对。所以，人格分类、自杀原因分类、自杀时间、地点分类、自杀方式分类，以及自杀年龄、职业、性别、血型、星座、排行、婚姻、地理等分类，也都无法用于自杀之防治与治疗。当我们把这些外显现象和生理现象剥离之后，就可以从心理学的观点，把自杀当做人类遭受心理创伤后特化的反应性行为。因此，人类共相"心理创伤反应模型"的建构，也就成为自杀之防治与治疗的起点。

一、心理学的观点

心理学的观点下，自杀是个体的"我的六大心理连带关系（全部或焦点关系）"，遭受长、短、急、缓之变故，而产生切断或虚位（线）化或单向化的现象（可能是实体破坏也可能是虚拟破坏）；令其自我隔离于这个世界，变成一种处于孤独、脆弱、无价值感、焦躁、寂寞、怨天尤人、易受伤、易愤怒的完全内在归因的"负向自我状态"；处于这种高度六大心理创伤之身心状态下的个体，在面对生理、心理或语言、行为刺激时，所反应的自伤、自残以至自我毁灭行为称之为自杀。

二、自我观的观点

自杀的原因，不是那些内在或外在的创伤事件，更不是引起那些事件的人、物、事件、理法或环境。自杀是因为：个体对创伤事件各种实体创伤的"认知"，经由对自我身心状态的觉察，个体评定且无法接受自己是一个"不幸福的人"或"痛苦的人"或"不幸福且痛苦的人"，尤其是可预期生涯中的延续状态；当个体决定要解脱于这种"宿命"之时，所采取的足以剥夺生命的自伤行为。

三、临床心理学的观点

自杀是一种病态行为，当事人病情发作，丧失感官知觉能力，丧失理智与行为控制能力，做出伤害自己生命的行为就是自杀。

以上第一和第二个观点，解释了非病态行为下，自伤、自残、意外死亡与自杀行为。第三个观点，则解释了病态行为下，自杀行为发生的原因。

第二节　死亡的意念与自杀行为

创伤致死的创伤反应发展历程中，死亡的意念悄悄地出来，走了又来，来了就不走了。死亡的意念由浅而深、由轻微而严重，核心的转折点为"自杀方程式"的建构。当创伤事件或创伤反应状态，满足这方程式预设的条件时，就会出现后续的趋于自杀的死亡意念。

生涯发展不同的阶段中，死亡的意念会突然缠身而上。有的来了就走，走得无影无踪，有的来来去去令人气竭。有的来了就不走了，还落叶生根，愈来愈严重。死亡的意念，由浅入深的可分为以下六类，愈深沉的死亡意念，导致第七、八、九等三类愈严重的自杀行为危机。

（一）生存信念解组

今天活着，谁知道哪天就死了。谁能保证，自己或别人，明天一定还活着。人随时会死，猝死、病死、意外而死，谁知道谁哪一天突然就死。活在今天，人，根本就没有明天。像这样活着，有什么用，有什么意义呢？

（二）活不下去了

不一定要死，可是找不到任何理由可以活下去。没人理我、没人在乎我、没人需要我、没人爱我，甚至没人讨厌我、没人恨我。再没什么人一定要理，再没什么事一定要做，再没什么东西必须留恋。我也不想理谁，我也不在乎谁，我也不需要任何人，我不爱任何人，我真的找不出，继续活着的理由。我，活不下去了。

（三）死了算了

我不想活了，死了就算了。好想发生意外，看能不能被车撞死、被坏人杀死、生大病病死、泥石流淹死、失足猝死……老天爷为什么不成全我，让我赶快去死。如果可以快去死，那该多么高兴啊，为什么不让我死呢？

（四）自杀方程式

个体在成熟与发展的过程中，会在日常生活中获得他人死亡的经验。文化会在戏曲艺文之中，潜藏了自杀死亡的模型。个体就在自己所暴露的文化环境下，攫取各种致死的刺激，以及死亡方式的行为反应。当个体内化了以下的"S—R"模型时，即已建构完成自杀方程式——如果我费尽所有的心血，一切的努力，一切的代价，都没办法解决我的困境，都没法子解除我的难题时，我只好一死了之。只有死才能解决，死了就全部都不用理了，死了就结束了。

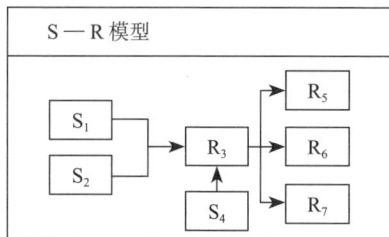

S—R 模型：S_1、S_2 → R_3 ← S_4，R_3 → R_5、R_6、R_7

条件刺激 1：事件或心理或行为的冲突困局

条件刺激 2：费尽一切力量都解决不了

条件反应 3：自杀动机

条件刺激 4：撞针事件

条件反应 5：自杀行为

条件反应 6：自残行为

条件反应 7：自虐行为

因为条件刺激 1、2，所以发生条件反应 3，这种"刺激—反应"的激发历程，称之为自杀方程式。启动自杀方程式后，会产生自杀动机。当自杀动机发展成自杀意念，并发生撞针事件，就会引爆自残、自虐或自杀行为。

（五）自杀动机

当创伤事件或各种创伤心理状态（动机与情绪，或者对于动机的认知以及对情绪的诠释）联结"自杀死亡"的认知反应时，这种 S－R 的结构体，称为"自杀动机"。这种"因为△△△，所以我想自杀"的自杀动机模式，重点在于前头的刺激物可以是任何知觉的内容，而后者引发的反应却都是自杀的念头。亦即，当前述条件刺激 1、2 发生的状态下，激发的条件反应就是自杀动机。

（六）自杀意念

个体的自杀动机，失去了 S－R 的因果关联，呈现非反应性、非对象性、非控制性的、独立性的"我要自杀"的意念时，称之为自杀意念。

自杀意念会成为知觉的内容，或停滞或自由移动。

（七）自杀行为

当个体萌生自杀动机或自杀意念，并遭遇某"撞针事件"的激发而求助无门或不愿求助，甚至导致精神病的发作，做出伤害自己生命的行为，称为"自杀行为"。因自杀行为致死者，称为"自杀死亡者"。出现自杀行为后，未死获救存活者，称为"自杀未遂者"。亦即，在条件刺激1、2已引发条件反应3的状态下，条件刺激4又激发了强烈的死亡意念而引发伤害自己生命的行为，称为自杀行为。

（八）自残行为

当条件刺激4撞针事件出现，又激发更强烈的死亡意念时，心里若出现"不能死"、"不想死"、"不可以死"、"怕死"的声音，而企求以肉体的痛楚来解除心里死亡意念的威胁时，就出现"自残行为"（如割腕）。

（九）自虐行为

在条件刺激1、2，已引发条件反应3的状态下。条件刺激4又激发了强烈的死亡意念时，若心里出现的是"惩罚自己"、"我坏"、"怎能这样"、"我必须处罚自己"、"惩罚自己想死"、"惩罚自己不敢死"、"惩罚自己没死"、"要死就让我慢慢地死"……声音，就出现"自虐行为"。

PART 2

朝向死亡的创伤
反应历程

　　自杀是一种死亡创伤，但是这种死亡创伤却非与创伤事件直接相连结的立即反应，而是经历漫长的创伤发展历程。如果把自杀行为看成高山悬崖上发生的事，那么自杀防治的重点就不只是站在悬崖边挡人，或在悬崖下救治重伤未死的人，而是从山脚下一直到山顶悬崖的路途中，从创伤心理的发生，到各种创伤反应的发展历程，设下重重关卡来解决与介入。第一是不让人上山，这是第一级的自杀防治工程。第二是把山脚、山腰、山顶和悬崖边的人全部带下山，这是第二级自杀防治工程。第三是解除悬崖下未死的人的危机，这是第三级自杀防治工程。所以，了解人类的创伤反应，是一种朝向自杀与死亡的历程。学习人类创伤反应的发展模型，目的在于各创伤反应阶段都能有效地解决与介入，从而扼止朝向自杀与死亡的反应历程，这才是自杀防治的终极任务。

第一节　朝向死亡的创伤反应发展模型

　　个体从遭遇创伤事件，以至产生偏差行为和病态行为，尤其是导致自杀行为的死亡创伤，其实有明确的发展历程。以下十个阶段的反应历程，由 A 至 J 具有序阶性。但 H 阶段非常特殊，A 至 G 任一阶段，都可能直接发展至 H 阶段。出现自杀动机之后，或自杀未遂之后，当事人就陷入 AH 循环以至 GH 循环之中，呈现 S—R 的循环反应历程。所以 A 至 J 的任一阶段，都是上一阶段的"反应性"行为（R）；但本身也可成为"刺激物"（S），进而激发下一阶段的反应性行为。

朝向自杀或死亡的创伤反应发展模型

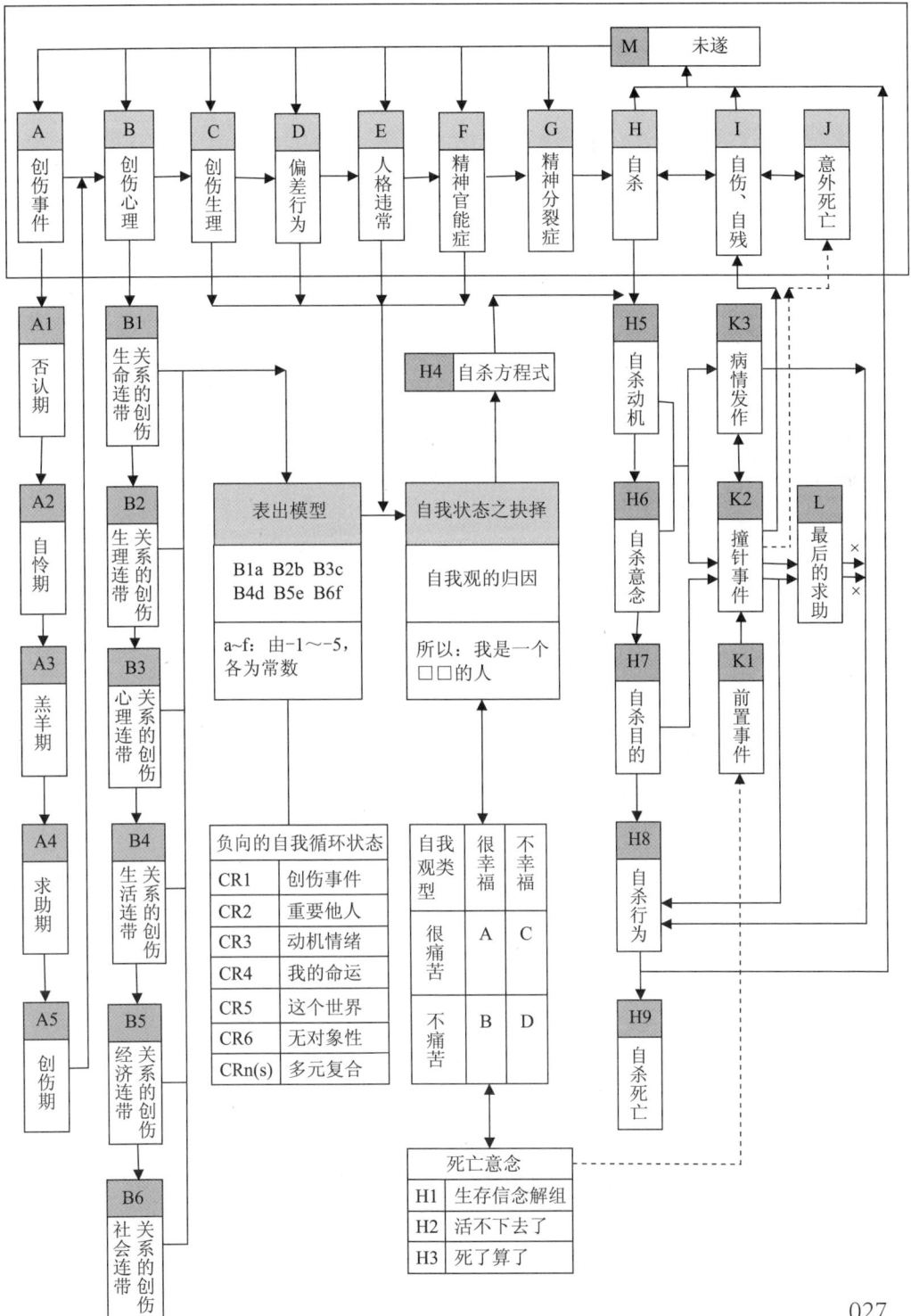

| M | 未遂 |

A 创伤事件 | **B** 创伤心理 | **C** 创伤生理 | **D** 偏差行为 | **E** 人格违常 | **F** 精神官能症 | **G** 精神分裂症 | **H** 自杀 | **I** 自伤、自残 | **J** 意外死亡

A1 否认期

A2 自怜期

A3 羔羊期

A4 求助期

A5 创伤期

B1 生命连带的创伤

B2 生理连带的创伤

B3 心理连带的创伤

B4 生活连带的创伤

B5 经济连带的创伤

B6 社会连带的创伤

表出模型

B1a B2b B3c
B4d B5e B6f

a~f：由-1~-5，各为常数

自我状态之抉择

自我观的归因

所以：我是一个 □□ 的人

H4 自杀方程式

H5 自杀动机

H6 自杀意念

H7 自杀目的

H8 自杀行为

H9 自杀死亡

K3 病情发作

K2 撞针事件

K1 前置事件

L 最后的求助

负向的自我循环状态	
CR1	创伤事件
CR2	重要他人
CR3	动机情绪
CR4	我的命运
CR5	这个世界
CR6	无对象性
CRn(s)	多元复合

自我观类型	很幸福	不幸福
很痛苦	A	C
不痛苦	B	D

死亡意念	
H1	生存信念解组
H2	活不下去了
H3	死了算了

027

模型式思考，是一种非常专业而方便的衡鉴程序。例如：当我们面对偏差行为的个体时，我们不会再死盯着他的"过"，想着他为什么会犯这个"错"，一心想逼他认错与改过。运用模型思考时，我们如果衡鉴他"卡"在 D 阶段，自然会想到他已经经历 A、B、C 三个阶段的煎熬，清楚地知道如果帮不了他，他不是继续卡在 D 阶段造成自己和他人更多困扰，就是发展成 E 或 F 阶段，进入病态行为的领域。向前看，"同理心"自然滋生。向后看，"同情心"自然滋长。眼睛穿透其偏差行为的表象，盯住他的创伤心理。心里清楚：抚平了创伤心理，偏差行为自然消失。否则，就算处罚其偏差行为，强迫其表出正向行为，也只是招惹或激发更严重的偏差行为。所以不会汲汲去逼问创伤事件的原委、对错与责任归属，而又激发更严重的，或者再一波的创伤反应历程。

一、A 阶段：创伤事件的反应与刺激

什么叫做创伤事件呢？会造成创伤心理的事件，就是创伤事件。创伤事件不以严重性、急迫性或大小来区别，而以是否造成创伤心理为依据。

（一）创伤事件的种类

创伤事件可区分为以下三大类。

（1）不可能解决的事件。

（2）可以解决的事件，但是资源不足。虽然只要补充资源即可，但资源系统已封闭。

（3）不论可不可以解决，碰都不能去碰的事件。

成人遭遇的创伤事件，大都是第 1、3 类，也有第 2 类。因为是第 1、3 类，所以在"咨询或治疗"历程中去"了解"事件的始末原委，根本就是缘木求鱼。因为是第 2 类，已有的不可能没有，没有的不可能变有。所以现阶段的当事人，根本就没有能力与动力去解决问题，就算你牵着他的手依样画葫芦也没用。所以，创伤事件是无法解决的，千万别想去"解决"创伤事件。

儿童遭遇的创伤事件，几乎都是第 2 类。因为儿童的资源系统是开放的，所以只要导入"能力"和"动力"，就可以迅速结束创伤历程。

（二）创伤事件的反应历程

当一个人卡在创伤事件中（一直想着这件事），或者重大创伤事件发生后，当事人会出现以下五种序阶性的反应历程。

1. 否认期：他会否认事件发生的真实性，拒绝相信事件发生的可能性。主诉的语言是"哪有可能？"当他接受了，接受事实已发生的真实性之后，他才会渡过否认期。

2. 自怜期：渡过否认期的人，会进入自怜期。他质疑事件怎会发生在他或他的家人或他的爱人或他的身上。他会举证自己的清白、守法、正直、负责等正向的情操，抗议天理不公……。主诉的语言是"为什么是我？"当他接受了，接受事情真的就发生在我或我的身上时，他才会渡过自怜期。

3．羔羊期：渡过自怜期的人，会进入羔羊期。他开始追查事件发生的原因或真相，他努力去追查是谁害的？谁该负责？主诉的语言是"为什么？谁害的？"。当他找到或找不到原因，或者找到或找不到代罪羔羊的时候，当他不再找……的时候，他才会渡过羔羊期。

4．求助期：渡过羔羊期的人，会进入求助期。他开始面对创伤事件发生后现实的世界，许多的人、事、物或财务，都必须处置或补救或重建或……，万端事务又引发万端心绪……。他开始问自己谁能帮我，我一个人必须承担这一切吗？到底谁可以或应该来帮我呢？为什么没人愿意帮我呢？主诉的语言是"怎么办？"当他得到适当的援助时，他会结束整个创伤反应历程。当他得不到帮助，而放弃求助的时候，他会渡过求助期，进入创伤期。

5．创伤期：放弃求助之人，会进入创伤期。他开始关注自己，极端或异常的动机、情绪、生理与行为状态。他觉得自己痛苦万分，自己活不下去了……甚至萌生轻生的念头。主诉的语言是"受不了，我也不想活了"。当他进入这个阶段后，就开始发展而进入 B 阶段。甚至建立 AB 循环。

（三）介入的技术

当个体进入创伤事件的五个反应历程时，助人者千万不可莽撞行事。一般人易犯的错误是：无法分辨五个反应历程，而一概视之为求助期，劈头就询问事件原委，见面就要出招援助。嚷着处理这个、处理那个，急着劝说：不要哭，不要难过，不要生气，不要想不开……，急着劝说：要面向未来，要为身边的人着想，要为生命负责，要更努力追求……。错误的介入技术，充斥于专业与非专业的助人行为中，导致案主更加陷入或滞留于创伤事件中。正确的介入技术如下。

1. 判读

根据当事人主诉的语言，就可以判读他正发展或"卡"（滞留）在哪一个阶段。每个阶段介入的技术都不同。模型式的思考，让助人者在判读后，立即自然滋生同理心与同情心，有助于有效助人关系的建立。

2. 第 1 ～ 3 期

1 ～ 3 期的人，只能协助他完整地经历该期的经验，催化他渡过该期的速度，尽量减少他滞留在该期的时间，并注意是否发生自杀之危机。第 1 期的人，要协助他"承认"事件"真的"发生了。第 2 期的人，要协助他"同意"事件的确就发生在他或他的亲人身上。第 3 期的人，要协助他快速完成或放弃——寻找真相与寻觅代罪羔羊。

3. 第 4 期

这才是提供各种人力、财力、物力，或心理慰藉……等援助的阶段。得到充足而有效援助的人，就会结束创伤反应历程，回到正常的生活规律之中。

4. 第 5 期

沦落创伤期的人，会萌生各种极端或异常之动机与情绪反应，甚至不想活了。所以，除了家属或亲友的陪伴与照顾之外，重要的是转介心理治疗。

二、B 阶段：创伤心理的反应与刺激

当个体完成创伤事件的五个反应历程之后，他就会转入 B 阶段，而呈现"极端"或"异常"的动机情绪状态。

1. 极端的动机状态：长时间停留在正向或负向的动机状态，尚可自我控制，每日停留渐短。

2. 异常的动机状态：越来越长的时间停留在正向或负向的动机状态，越来越不能控制。失去对象性，甚至变成强迫性。

3. 极端的情绪状态：长时间停留在正向或负向的情绪状态，尚可自我控制，每日停留渐短。

4. 异常的情绪状态：越来越长的时间停留在正向或负向的情绪状态，越来越不能控制。失去对象性，甚至变成强迫性。

（一）六大心理连带关系与幸福指数

伴随个体身心之成熟与语言发展历程，"我"与"我的"成为人类一生中说得最多的两个字串。个体以"我"为中心，把身边听到、看到的一切，在认知系统中结构成"我的世界"。每个"我"都领有一个"我世界"，"我"所"感觉—知觉"到的"世物"（人、事、理、境），分门别类地被置放在我的六大心理连带关系中。当实体的个别

主体性的关系，被转换成以"我"为主体的"我的"△△连带关系时；这六种虚拟的心理连带关系，都将由"我"全权操控，任凭"我"依自由意志任意变动关系、种类与重要等级。这种把客观转换成主观，把相对影响转变成绝对意志的历程，让每一个"我"都能以自我中心定位，架构出"我－我世界"的虚拟存在；并且让每一个主体性之"我"，都得以共相存有于这个现象界。

　　这六种"我的"心理连带关系，包括生命、生理、心理、生活、经济与社会连带关系，就像六条钢索贯穿"我"，而结构成我的世界与我的一生。挂在钢索上的人、事、理、境愈多，"人与世界"的关系就愈紧密，存活与继续存活的可能性与抗压性就愈高，幸福感也愈高。人遇到创伤事件，"我"就会受到伤害。但是，"我"再怎么苦怎么痛，只要"我的△△"还在，我就有理由有借口、有支撑的力量，让我继续活下去。人类从原始时代为"我"而活，渐次发展成文明时代的为"我的"而活。不同个体在不同的生涯阶段中，选择为"我"而活，或为"我的"而活。这种从利己行为，转变成利他行为的机制；一方面代表人类文明的演化，一方面成为人类自我救赎的终结武器。

　　当自我受到重大创伤时，我一定会伤心、难过，甚至形同槁木死灰，甚至痛不欲生、生不如死。可是当"我"活不下去的时候，我却可以为"我的"而活。我的六大心理连带关系中的世物，可以是实体的，也可以是虚拟的；可以是人，也可以是动物、植物、矿物或事、理、情、法或任何物理实体、社会实体与心理实体。但是，这六大连带关系，若再发生实体或虚拟的破坏，对于自我已濒临解组的个体而言，就如雪上加霜一般，令人真的想死、非死不可。

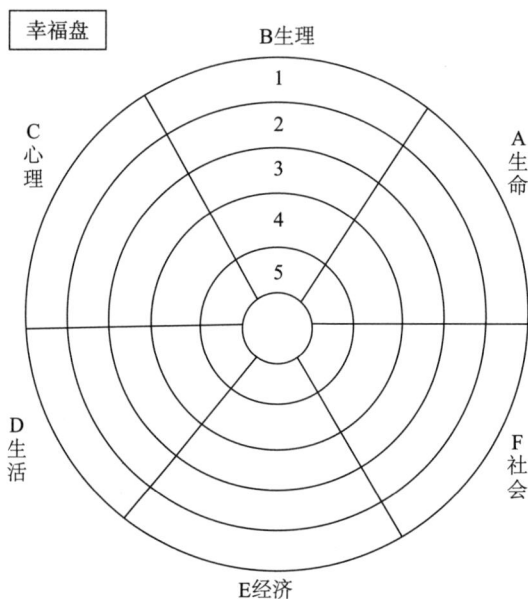

1. 定位：将实体关系转码变成虚拟连带关系，并予定性和定量分析。
2. 分区：比较不同区块上的分配次数与数值，以及相同标的物在不同区块上差异分配的意义与危机。
3. 指数：比较各种指数，分析平均数、比例值、标准差、及各类指数与总指数的常态分配。
4. 权数：针对不同年龄或不同角色或不同职业的人，对于六大连带关系不同的自我需求与环境需求，设定六个不同的权数（总和为 100%）来乘以该区的指数。

1. 生命连带关系

当某人、某事、某理、某物、某境和个体发生生命连带关系时，双方的生命似乎就成为一体，觉得生命的源头、动力与延续生命的能力、动力、价值、目的等都来自对方，对方的生死和我紧密联系在一起，不能独生也不能独死……的强烈信念。例如：夫妻、父母子女、重要他人，或宠物或偶像刘德华或别的，理当有高度生命连带关系，但其实却又未必。亦即，可以是实体的可以是虚拟的，可以是相对的也可以是单向的。

2. 生理连带关系

个体与自己 10 大器官系统，或相貌、身材、局部身体、健康、疾病、毛发、疮痣等的关系，称之为第一种生理连带关系。个体与性伴侣（同性、性、动物、植物、幻想等）的性关系，称之为第二种生理连带关系。残障朋友即为（以）生理连带关系（为震央）的受害者，（灾区当然）会因人而异，扩及其他连带关系的瓦解。例如：夫妻理当有第二种生理连带关系，但未必真的就有。

3. 心理连带关系

把对方放在心头上，不管生活如何坎坷，只要想起对方心里就甜甜的，幸福感就自然洋溢而出。一种相依、相慰、互相依赖、互相慰藉的绝对幸福感受，这就是心理连带关系。当然，是人或非人，实体或虚拟，任凭个体的设定。

4. 生活连带关系

不论是职场工作或家庭起居生活上，日日夜夜、时时刻刻经常的共处、互动；共同的生活环境，交叉影响的生活条件，让家人、同学、同事和某些人，建立了生活连带关系。一般人都有习惯性的生活作息，何时与何人，用啥方式做啥事，都有一定的时辰与地点。这些连带关系的存在，会让习惯像地球一样照常运转，而觉得"有你一真好"。

对象没了、习惯瓦解，我的人生立即崩盘，因为地球不知该怎么转了！

5. 经济连带关系

经济性行为相关之个体或组织，即为经济连带关系者。日常的职业，谋生的方式与资源，在人与人（事、物、钱、工作）中，结构了经济连带关系。稳固的关系，让人有安全感有充实感，且充满了自信与希望。

6. 社会连带关系

形式化之社会角色关系，如同事、朋友、同学、社团的成员、市民等结构了社会连带关系，让个体自己认可其与世界的实体关连。安定而满意且多元发展的社会角色关系，让个体肯定自己成为社群的一份子，而建构大团体的归属感、安全感。

7. 幸福指数与幸福盘

实体世界的人、事、物，会和个体产生六大实体连带关系。但这些连带关系的对象与交构而成的事件，却会带给个体三种心理反应。第一种是幸福感；第二种是痛苦感；第三种没有任何感觉，否认那关系、对象、事件的存在。

个体会去辩识实体世界有六大连带关系的人、事、物，其中会令人感到幸福快乐的，就把他放入六大心理连带关系的"幸福盘"，再依 5 分量表（+1 ～ +5）给予量化分数并定位，就会得到六种幸福指数。若带给个体痛苦的人、事、物，就把他放入六大心理创伤的"痛苦盘"，再依 5 分量表（−1 ～ −5）给予适当的配分和位置，就会得到六种心理创伤指数。如果是第三种，他就不会出现在幸福盘与痛苦盘，因为这些人、事、物的存有，对个体完全没有意义，完全被视若无睹。当然，这三种心理反应，也有可能错置，所以产生许多不适应行为或偏差行为。

（1）家庭幸福指数

把家人或重要他人，依其对个体引发之幸福感，以5分量表评估后，填入幸福盘六大心理连带关系的类别区域中。最重要，带来最多幸福感的，填入五分区域；依此类推，可重复填入各区。就可以得到下列"家庭幸福指数表"：

分数 （1~5） 称谓 类别	A	B	C	D	E	F	小计
父							
母							
配偶							
子							
女							
小计							

经由上表，可以分析每个家人在六大心理连带关系上的配分和小计。可以知道这个家给我多少幸福感（总分），以及这些幸福感源自每个家人多少的幸福指数（比例值）。因为每个家人填写一张"家庭幸福指数表"之后，进行各表的分析与沟通，这将成为家族治疗时极其好用的工具。填制夫妻幸福指数（只填配偶）与家庭幸福指数时，

可用两支色笔在同一张图上，分别标示"现况"与"理想的"幸福指数。婚姻咨询与治疗时，还要填一张"配偶的幸福盘"，标示出"我认为"我的配偶会把我摆在对方幸福盘的哪个位置。四张表并在一起时，就成为"非事件模式"重建夫妻关系的绝佳工具（因为避开了"事件"是非对错的争执）。

（2）毕生幸福指数

把一生中所有对自己有幸福感之人、事、物，依5分等级，填入幸福盘六大连带关系的各个区位中（可复填），即可得到毕生到此为止的幸福指数。可以分析个体在哪个区位较强、哪个区位较弱，提供自我成长训练的重要数据。毕生幸福指数的盘点历程，即为个体自我定位历程。每一个分数都代表一种关系的一次再抉择。每次的再抉择，都让个体意志力所萌发的主体性，更为强旺、更有动力。

（3）其他运用

特定的人或事件，也可以放入幸福盘，测量其幸福指数。班级或组织或训练团体，也可以测量六大幸福指数后，给予不同的处遇或管理发展或训练计划。测量"班级幸福指数"，让学生填入家人、同学与朋友，就可得到全班的常模。整个学年的学生都做（教师在黑板上示范填盘，小学三年级以上的同学都可以自己操作），就可得到该学年的常模。当然也可以建制该校的常模，包括六种指数的平均值，计算标准差，进行各种统计分析。最重要的是据以制订全校、各学年、各班与两性之辅导计划。

（二）六大心理创伤模型与痛苦指数

心理创伤有以下六类，不同之当事人遭遇不同种类（S）之"创伤事件"，发展不同等级之"创伤心理"（–1 → –5）。"个别差异"因素必须特别注意，因为低指数之创伤事件，可能发展出高指数之创伤心理，反之亦同。自杀（未遂）者及重大灾变、受难之幸存者，六大心理创伤种类，几乎同时被切断，此为其最大特征。

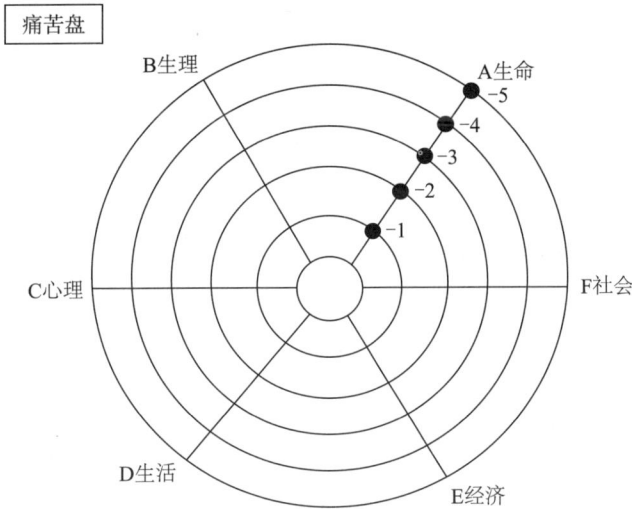

1. 定位：将实体关系转码变成虚拟连带关系，并予定性和定量分析。
2. 分区：比较不同区块上的分配次数与数值，以及相同标的物在不同区块上差异分配的意义与危机。
3. 指数：比较各种指数，分析平均数、比例值、标准差、及各类指数与总指数的常态分配。
4. 权数：针对不同年龄或不同角色或不同职业的人，对于六大连带关系不同的自我需求与环境需求，设定六个不同的权数（总和为100%）来乘以该区的指数。

1. 生命连带关系的创伤

生命连带关系是指相互牵连，不愿独生，也不愿独死的人、事、物。当这些生死相连的重要人、事、物，濒临死亡或死亡威胁或生活事件的严重挫败，或身体的严重毁损，或心理的动机、情绪严重冲突，或精神的严重衰竭之时，个体即遭受生命连带关系的创伤。这种创伤令人想死，甚至真的去死。

2. 生理连带关系的创伤

生理连带关系是指性伴侣、性行为的对象或器具，或者是自己与自己身体的关系。当自己的身体伤病残坏，或者自我的 body-image 糟糕透顶，或者性关系的对象离异伤亡，都会造成生理连带关系的创伤。这种创伤最大的特色就是会发生"迁移效应"，引发其他连带关系的间接创伤，而把自己这个原始创伤隐藏起来。

3. 心理连带关系的创伤

心理连带关系是指常想起对方，而且一想起来，就会产生强烈的动机与情绪反应。当自己不得不（甚至无法控制的）想着对方，而让自己长时间停留在负向或异常的动机与情绪状态，或者自己及重要他人在心理上、情感上，相互联结、互相依赖的关系被剥夺，就是所谓的心理连带关系的创伤。

4. 生活连带关系的创伤

生活连带关系是指日常生活的衣食住行娱乐，常在一起相处共事的人或事或物。当这些无法逃避的人、事、物，不断地造成冲突与挫败时，或者自己日常起居的生活模式，习惯性、方便性与隐私性被剥夺，即呈现生活连带关系的创伤。

5. 经济连带关系的创伤

经济连带关系是指你给（或花用）他钱，或他给（或花用）你钱的人或机构。当给或花用的机制、常规、量或方式，出现变动或破坏或消失时，或者自己的财产、经济来源、谋生方式与习惯性经济行为被剥夺，即为经济连带关系的创伤。

6. 社会连带关系的创伤

社会连带关系是指相对应的社会角色模块，例如夫－妻，父－子，母－女，兄－弟，姐－妹，朋友、师生、同学等。当相对的关系人做出我们无法接受的行为，或发生严重的意外伤病时，或者自己与他人的人际关系、社会地位，个体与各小团体、大团体的关系，及既有互动行为模式与成就感被剥夺。这种情境将让我们萌生挫败、痛苦或……的感觉，这就是社会连带关系的创伤。

7. 痛苦盘与痛苦指数

由内而外以五个同心圆区分 –1 至 –5 五个等级如上图，再把特定创伤事件或某个"害人精"，定位于心理连带创伤之六个区域中（可重复填入），即可测量出各个创伤事件或人，所造成之心理创伤指数。两个不同创伤事件，还可比较分析各个创伤的分数、比例，以及总创伤指数。定位的历程，即为（自我）治疗的历程。雷达图上区位面积的分析，即可了然创伤事件的直接引爆哪种创伤心理（破坏了哪一种连带关系）——震央，灾区——哪几类创伤心理也被间接影响，以及共相与殊相的心理创伤结构，而且全部量化，可以画图表分析。

所以在咨询与心理治疗的作业中，我们可以协助当事人把案情，转译成痛苦指数，而得八种量化的数值，六种心理创伤指数、总分、平均分数。不同案情、不同创伤事件，皆可变成量化指标来分析。量化的数值定位过程，就具有强大的自我治疗效果，可以帮助当事人从创伤事件的重复思考中跳出来，看到该创伤事件到底造成了多少种及多大的创伤心理。他就可以比较不同创伤事件造成的不同的、相同的创伤心理反应偏向，就能进入对于创伤"反应"的主动"抉择"历程。协助当事人在痛苦盘上操作"定位"的觉察程序与"再定位"的抉择程序，这种把创伤事件转译成创伤心理，再把心理历程又转译成数字与雷达图具体化程序，即为非事件动机咨询与治疗技术。

（三）心理创伤表出模型

创伤事件或创伤心理经验，会令受创伤者，反应出负向的自我状态。这种负向自我状态，包含负向动机与情绪，负向语言与行为，负向生理与体能。这种负向状态会呈现循环状态，每想起事件的影像或认知，就引起负向的自我状态，就称之为 CR1。同理，则出现 CR2、CR3、CR4、CR5、CR6，甚至失去了对象性而出现 CR6，或者 R1 ～ R6 的主题自由联结 CRn（s），例如：CR13、CR23、CR456。且这些负向的自我循环状态，会在过去、现在、未来的三个时相中（T1，T2，T3），或是时常或是偶尔，以不同的频率（F1，F2），联结心身症状（P1，

附件E：自杀未遂者社会心理创伤之表出模型

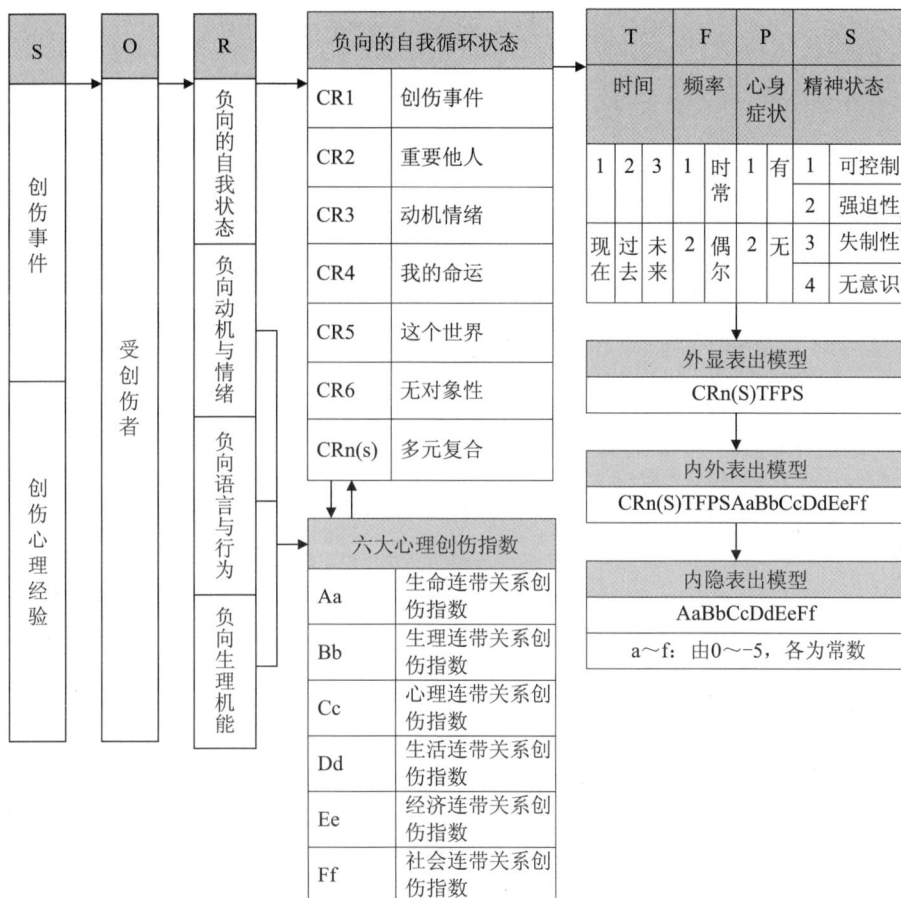

S	O	R	负向的自我循环状态		T	F	P	S
					时间	频率	心身症状	精神状态
创伤事件	受创伤者	负向的自我状态	CR1	创伤事件	1　2　3	1　时常	1　有	1　可控制
			CR2	重要他人				2　强迫性
			CR3	动机情绪		2　偶尔	2　无	3　失制性
		负向动机与情绪	CR4	我的命运	现在　过去　未来			4　无意识
			CR5	这个世界				
创伤心理经验		负向语言与行为	CR6	无对象性				
			CRn(s)	多元复合				
		负向生理机能						

外显表出模型
CRn(S)TFPS

内外表出模型
CRn(S)TFPSAaBbCcDdEeFf

内隐表出模型
AaBbCcDdEeFf

a～f：由0～-5，各为常数

六大心理创伤指数	
Aa	生命连带关系创伤指数
Bb	生理连带关系创伤指数
Cc	心理连带关系创伤指数
Dd	生活连带关系创伤指数
Ee	经济连带关系创伤指数
Ff	社会连带关系创伤指数

P2）或强迫失控的精神状态（S1，S2，S3，S4），此即建构完成内外显表出模型：CRnTFPS。

以上，临床上可观察的现象，若转译于六大心理创伤的痛苦盘时，则可以在六种创伤指数的不同分配，定位出个体习惯化的"内隐表出模型"——AaBbCcDdEeFf，A～F代表六种心理创伤，a～f代表–1～–5的创伤指数，且各为常数。亦即，个体在遭遇不同创伤事件时，会有类似之心理倾向，并可于痛苦盘上以雷达图图示。

衡鉴表出模型的方法：用AB两个不同的创伤事件，在同一张痛苦盘上，画出两个不同颜色的雷达图。两图重叠的区域以及量化的数值，即为个体的表出模型。负向的自我循环状态CRn(s)TFPS，只能观察到临床上的症状，以资进行症状治疗。但临床心理师藉由表出模型的衡鉴，直接影响当事人毕生创伤反应历程的内在结构。从而建构出当事人"内外表出模型"——CRn(s)TFPS AaBbCcDdEeFf，表出模型的调适与重构，是为心理治疗的重大工作之一。

（四）介入技术

1. 禁忌

以下五大类的语言，是助人行为的禁忌。偏偏文化中传递的助人语言，却都是这样子谈，甚至专业的助人行为中，也一直"自然地"出现这些语言。禁忌的语言一旦出现，立刻破坏双方的助人与求助关系（咨询或治疗关系），使得后继的助人行为或技术，全部发生不了作用。为什么？因为你已经砍了他五刀。

（1）质问原因事理：为什么？一定要如此吗？

（2）怀疑言语事件真假：真的吗？

（3）判断是非对错：这样子对吗？

（4）否定其动机与情绪的价值：这样子想，且这样子哭，有用吗？

（5）劝阻其动机与情绪：不要想了，不要哭了。

2. 技术

以下五个项目，是助人行为的专业技巧。前三项咨询语言用来建立有效的助人关系，但是大部分人讲不出这些话来（文化中没这个），所以在咨询员训练中，这就成为极其重要的课程——不是观念，而是实际上脱口而出的有效的咨询语言。后两项则是把创伤事件转移至创伤心理，再重建心理的技术。

（1）接受与肯定：接受其负向情绪，为其找出正向动机，并肯定其正向价值关联。

（2）支持与认同：支持其负向动机，为其找出关联事件，并认同其不得不的、必然的心理历程。

（3）关怀与慰藉：关怀遭受负向动机与情绪迫害的这个人，强烈表达彼此间坚定的心理、生活与社会连带关系，温言软语说尽好话来安慰他，表达相伴相随的情谊。

（4）创伤心理指数：协助当事人对其创伤事件造成的影响，执行定性与定量分析——评值其创伤心理指数。再以心理咨询或治疗技术，逐次减少其创伤种类与创伤指数。

（5）重建表出模型：观察临床症状，衡鉴表出模型，重构表出模型，治疗临床症状。

（五）AB 阶段的相关性

如果创伤事件的指数为 –1 ～ –5，创伤心理指数亦然。则两者呈现正相关？负相关？还是没关系呢？二者不一致时，要以创伤事件指数为判断标准，还是当事人说有多难过就是多难过呢？

1. 理念上的认同

进行理念思维判断时，几乎每个人都会同意，应该以个体的创伤心理为判断标准，因为创伤指数高，并不代表创伤心理指数一定也高。而且创伤心理指数低，也并不代表创伤事件指数一定低。

2. 行为上的对立

事实上，就日常生活经验而言，却发现我们总不自觉地、非理性地，用创伤事件指数为判断标准，来批判创伤心理指数应该高，还是应该低。当创伤指数低时，若有人呈现高指数的创伤心理，我们就会告诉他——你会不会反应过度，一定要反应这么强烈吗？事情明明这么小，你却小题大作。而且，你看别人，没人像你这么严重。你，控制一下吧！反之，则又指责对方矫情做作，或冷血无情。甚至告诉对方——哭吧！别压抑在心里。我知道你很痛苦，别强颜欢笑了，别逼自己了，哭出来吧！

3. 理念与行为的一致

劣质文化传递着错误的生活态度,经由知识的学习与自我的觉察,个体务必在日常生活中,确实检查自己的言行思想,明白地告诉自己——穿透创伤事件,焦注于创伤心理,当事人说什么就是什么。

4. AB 循环（见 p27 图）

当 A 阶段发展到第五个反应历程时,就会自然转入 B 阶段。若 B 阶段也得不到有效益的介入,反而是求助无门或以禁忌模式介入,易让个体陷入 AB 循环——想到 A 就会出现 B,出现 B 就会想到 A,而长时间陷入 AB 循环之中。这时候,亲情照护并寻求“心理咨询”,是最重要的介入技术。

5. BH 循环与 ABH 循环

当个体卡在 B 太久或卡在 AB 循环太久,很容易在某“撞针事件”触发或逼迫的情急之下,或突发的精神状态下,萌生死亡的念头,而进入 BH 或 ABH 循环。这时候,全时陪同,并寻求“心理治疗”,是最重要的介入技术。

三、C 阶段：创伤生理的反应与刺激

生理与心理结构会互相影响,身心回馈机制的存在与治疗的技术,是众所皆知的事实。B 阶段和 C 阶段是相生相连的两个阶段,两者会互为因果互相影响。创伤心理的种类愈多,指数愈高,创伤生理的种类就愈多、严重性愈高。每个人都会出现习惯性的身心症状反应。有

的人只要心理不对劲，头就痛起来。有的人会肚子痛，有的人会拉肚子，有的人会头晕，有的人会全身无力，有的人会脚软，有的人会消声失语，有的人会这里痛，有的人会那里不舒服。

（一）创伤生理种类

1. 成人

成人的创伤生理反应，除了各个不同的习惯性身心症状倾向之外，还会出现下列共同的反应方式。

（1）肩膀硬、酸、痛

（2）脖子硬、酸、痛

（3）上背硬、酸、痛

（4）下背硬、酸、痛

（5）全身无力或僵直、紧绷

（6）胸闷、心悸、喘不过气

（7）没胃口

（8）失眠或嗜睡

（9）性功能障碍

2. 儿童

儿童的创伤生理反应，也会出现习惯性的身心症状倾向。除此之外，伴随"反向行为"，会出现二极化的生理反应。

（1）没有体力或体力过度旺盛

（2）不动或过度活动

（3）不食或暴食

（4）不语或多语或妄语

（5）失眠或嗜睡

（6）尿失禁

（二）创伤生理反应的特性

1. 成人

（1）初期：创伤心理出现的初期，尚未出现固化的创伤生理反应。

（2）中期：每陷入创伤心理状态中，就会出现特定的生理反应，日久就呈现固定的创伤生理反应，或者继续发展更多种类、更严重的生理反应。但是只要不想不伤心，创伤心理就会消失。其实消失的，只是那些习惯性的身心症状。可怕的是，某些共同的生理反应，却被存留在肌肉筋骨之中。某些身体部位肌肉筋骨的"硬、酸、痛"，并不会因为你不难过了，压力不见了，它就会"立刻"消失。反而，它会累积起来，继续发硬、发酸、发痛，甚至倒反过来又激发你的创伤心理。

（3）末期：最可怕的是，某些习惯性的心身症状，或共同的生理反应方式，会脱离创伤心理的因果关连，而呈现非对象性的自动化反应，而且变成真的生理疾病，真的造成器官的缺损或障碍。然后又回头反扑，造成新的心理创伤，又再揉合旧的心理创伤，再次引发新的生理创伤。

2. 儿童

儿童的创伤生理反应，因为是固定招式，可以容易辨识。但是共同的反应方式，儿童会用各种借口隐瞒，而不去惊动家人。所以，师长必须注意长期（一星期以来）的异样行为（突然发生的定时、定点、定量的反常语言、表情、动作、行为与作息），才不会延误援助的时机，或被儿童误认"没人关心我"。

（三）介入的技术

创伤生理的出现，是为了充分表出创伤心理，更提供了个体把注意力从创伤心理移转到创伤生理的功能。一方面解除了困死或深陷创伤心理的危机，提供了治疗性的效果。另一方面则提供警示的功能，提醒个体觉察某些生理症状时，并须注意是否为心因性的后效，而把注意力再拉回心理创伤的检查与处遇。

1. BC 循环与 ABC 循环

当创伤心理与创伤生理，建构完成一个身心回馈机制的时候，就呈现互为因果关系的 BC 循环，亦即若 B 则 C，且若 C 则 B。BC 循环日久，还会引发 AB 循环，而构成 ABC 循环。

由于身心回馈机制，所以直接解除各人特定的共同的生理反应方式，就能切断 BC 循环与 ABC 循环。先切断循环机制后，再提供创伤心理的介入技术；这种二段式的介入模式，是最关键的介入技术。

2. CH 循环、BCH 循环与 ABCH 循环

当创伤生理太强烈或持续太久之后，某些人会萌生自杀的动机，而建构了 CH 循环。某些人处于 BC 循环中，也会萌生自杀的动机，而建构了 BCH 循环。那些处于 ABC 循环的人，更容易萌生自杀动机，而建构了 ABCH 循环。自杀动机很容易转成自杀意念，自杀意念很容易激发自杀行为，而导致个体死亡。

介入的技术首在评估心理危机等级（PART 3 第二节，p93），实施危机处遇程序。心理危机等级降低至安全范围内时，才投入心理治疗技术。若出现急性症状，则应优先投入精神药物治疗。

四、D 阶段：偏差行为的反应与刺激

个体长期处于 BC 循环或 ABC 循环，而未获得适当的协助与治疗时，很容易于日常生活中激发偏差行为。只要有人出现偏差行为，相对的关系人，就成为受害者。六大连带关系愈深，罹受的创伤就愈大。所以负责矫治偏差行为的人，例如父母、老师、长官、治疗师……等，就必须熟娴介入技术。

（一）偏差行为的种类

（1）违反礼仪的行为

（2）违反常规的行为

（3）违反常理的行为

（4）违反人情的行为

（5）违反法律的行为

成人的偏差行为，都集中在后三类。儿童的偏差行为则都集中在前两类。

（二）禁忌

面对前四类的偏差行为时，不论当事人是成人或儿童，都必须遵守以下的禁忌。第五类偏差行为，属犯罪矫治的学科，故不于本文探讨。

1. 不要"指错"

指错：（指着对方的鼻子）用强烈的口气责骂，或用温和的口气告诉当事人——这里你做错了，那里你搞砸了。你知不知道这是不对的？你真的不知道这是错的？你到底知不知道你错在哪里？如果知道不对，为什么你还要做？不知道，那我平常都白教的吗？你到底认不认错？你要我怎么处罚你？你给我说清楚，以后还会不会再犯这个错？

通常，被这样子模式指错的人，不论成人或小孩都不会悔改。有的人会顺从地接受训诫、责骂或处罚，但心里誓言打死也不改，因为两个人的关系已经"破灭"了。有的人会辩解、会逃避、会反抗甚或发生强烈冲突的言行，因为两人的关系已变为"敌对"。因为你逼他下不了"错的台"，所以他根本就没有机会上"对的台"。

2. 不要做负向的"他人预言"

更糟糕的就是"负向的预言"——我早就已经知道你不会改，你不会认错，你不会有错，对不对？你永远就是这个德行，你永远都会犯错，永远都不会学好，你一辈子就是这样过了。你不会说好话，不会做好事，不会想快乐的念头。你呀！你只会说坏话对不对，只会做坏事对不对，只会想痛苦的念头对不对！全天下你最苦，你最可怜，你最无辜，你最倒霉……对不对！你根本就不会……

这些恶言再次出口，立即造成更大的创伤。尤其是当事人会把"他人的负向预言"转化成"自我的负向预言"。借口："好，你这么说，我就这么做。是你说我是这样的，我就这样子做给你看。没错，我就是你说的这样。你，又能怎样？"可怕的是借口应验他人负向的预言，而应验了自我的负向预言。

3. 不要做"人身攻击"

最恐怖的，就是"人身攻击"——你呦！天生就坏胚子啦！个性差，人品不好，操行不良。我告诉你，你这个人呀！根本就无药可救。没胆、没种、没知识、没品位、没良心、没道德，你恶劣，你坏蛋，你笨，你蠢得像头驴……

遭受人身攻击的人，会把你当作一辈子的仇敌。只要能和你对抗，做再多的坏事也无妨。人身攻击会把偏差行为，"内化"到当事人的人格之中，尤其是逼迫对方，跨入病态行为的世界。

（三）介入的技术

1. 指正

指正：面对偏差行为时，绝口不问"是非真假对错"。直接告诉对方以下指正的咨询语言——我相信你一定知道，该怎么做才对。我相信你会这么做，一定你有不得已的苦衷。我相信你现在一定很难过，我相信你一定不会再犯错。可是，错了，就得接受处罚。虽然，你的行为不对；可是，我相信你是一个好人，我还是喜欢你。所以，我会尽可能的，降低你的处罚。如果，处罚太重，你受不了，一定要跟我讲。做了不想做的事，还要被处罚，你一定非常难过。放心，我会陪你收拾残局。就算倒霉吧，过去了，运气就好了！

指正的技术，帮对方拿梯子给他"下"错的台；同时，也帮对方拿梯子，"上"对的台。虽然犯错被罚，两人的感情反而更好、更掏心。因为指正的技术，提供了"正向的他人预言"，激发了"正向的自我预言"。更提供了"应验"自我正向预言的空间，来"应验"他人正向预言。

2. 处罚与原谅

做了偏差行为，就得接受不同程度的处罚。绝对不能不罚，处罚一定要适当更要公平。必须谨记的是：处罚只是用来"示错"，以及吓阻"再度犯错"。只有原谅，才会让人知错。"自己"知道错，才会真正地改过。只有被原谅了，自己才能原谅自己。处罚是处罚错误的行为，而不是这个人。原谅是原谅（不小心或不得已）犯了错的"这个人"，而不是原谅错误的行为。因为过错不能原谅，所以一定要处罚。因为相信这个人的人品与人格，所以一定要"原谅"这个人，而且要"让对方知道——我已经原谅了你"。因为你的原谅，所以处罚才变得有效。

（四）偏差行为发展模型

"行为"都会伴随着"情绪"，情绪的背后，一定有"动机"。动机、情绪与行为的真假对错，巧妙地构成"偏差行为发展模型"。这个模型赤裸地呈现，人际之间的互动，并不是建立在是非真假对错，而是建立在——相信。

动机、情绪与行为的偏差行为发展模型					
动机		情绪		行为	备注
		○	×	○	×
○		☆		☆		1．○代表：适当的
			☆★	☆		2．×代表：不适当的
		☆			☆★	3．★代表：假装的、隐藏的动机、行为与情绪，内文以【】表之
			☆★		☆★	4．☆代表：真实表出的动机、行为与情绪
×		☆★		☆★		
			☆	☆★		
		☆★			☆	
			☆		☆	

我们总是认为：OK的动机就会有OK的情绪，就会有OK的行为，然而事实却不能尽如人意。因为我们看到许多奇怪而令人扼腕的现象。

1. 模型的解析

（1）动机○，情绪○，行为×。动机○，情绪×，行为○。

恨死了吧！就偏有人如此。好端端的动机，好端端的行事，脾气却恶劣得令人不敢领教。当我们看到有些人做了错事时，或者我们看到有些人情绪恶劣时，到底要不要责备他们呢？当然不行，因为他们可能就是"动机○，情绪○，行为×型"或者"动机○，情绪×，行为○型"。

（2）动机○，情绪×，行为×。

当我们看到某人做错了事，却还在那边发脾气或哭个没完没了，这可该大声斥责了吧！也不行，因为他可能就是"动机○，情绪×，行为×型"。不是他做错事、闹脾气，又说他没存坏心不是故意的。而是他存心想做好想做对，可是事情就是做不好就是做不对，所以气疯了或难过死了。他已经恨死自己了，你还要落井下石数落他，他就干脆把 OK 的动机反转为 Not OK 的动机；托你的福，他被你从"动机○，情绪×，行为×型"逼成"动机×，情绪×，行为×型"。

（3）动机×，情绪×，行为×。

这种"动机×，情绪×，行为×型"是最糟糕，坏得最彻底的吧！可是，有多少动机×，情绪×，行为×型，是从动机○，情绪×，行为×型被逼过来的呢？到底哪个"动机×，情绪×，行为×型"的人，原本就是坏心眼（Not OK 动机）吗？遇到动机×，情绪×，行为×型的人，到底该怎么看待呢？最坏的？还是最凄惨的人呢？动机×，情绪×，行为×型的人，真的是最坏了吗？当然不是。那么还有更惨的吗？

（4）动机○，情绪〔×〕，行为○。动机○，情绪○，行为〔×〕。

这种"○〔×〕○型"和"○○〔×〕型"，真是凄凉呵！明明骨子里就是"○○○型"，可是却必须假装情绪恶劣，或者假装故意去犯错。然后，还要忍受来自第三者和外人的责备。这种人，为什么要找自己麻烦？为什么要让别人来找他麻烦呢？

（5）动机○，情绪〔×〕，行为〔×〕。

越来越凄惨吧！好好的一片真心美意。表现出来给人看得到的，却是 Not OK 的情绪与行为。到底是鬼迷了心窍，还是笨蛋加三级了。明明是"○○○"，却硬装扮成"○××"，苦了自己也苦了身边的每一个人。

（6）动机 ×，情绪 ×，行为○。

怪异吧！其实是恐怖！这种"××○型"的人，明明做着好事、对的事，心里想的念头和心情却都是 Not OK 的。遇到这种人，除了逃命外也只剩下逃命。

（7）动机 ×，情绪○，行为 ×。

满脑子坏念头，做的事尽皆坏事，心情却好得不得了。要逃吗？遇到了一个笑咪咪快乐无比的大坏蛋，赶快逃吧！

（8）动机 ×，情绪〔○〕，行为〔○〕。

最恐怖的人类出现了——"×〔○〕〔○〕型"的人，你看到的他却是高高兴兴的，做的事都是好事善事，哪知他满脑子坏念头。他笑里藏刀，做每件事都别有用心。如果有这种朋友，不必逃了，因为被害死了你才会知道。如果养出这种孩子，教出这种学生，聘雇了这种员工，唉……！

2. 模型的精义

经由模型的思考，我们发现：看得到的只有"情绪"与"行为"，"动机"是看不到的。可怕的是，根本就无法由"情绪与行为状态"，来推论"动机"状态。而且，人际之间最大的暴力与创伤，就是这种"推论"。问题来了，如果看得到的"过"、听得到的"错"，都不是批判的判准，那么是非对错的准绳在哪里呢？答案当然是"动机"。动机念头的好坏或正邪，才是批判的判断标准。可是，"动机"这东西，看不到也摸不着；当事人说什么，就是什么。当事人说了就算，因为是他内心的动机。"你心里根本就不是这么想，你的动机不是你所讲的这样……"以上这些话，根本就说不出口的。

考验真的来临了，看到听到的不算数，对方说的"我们看不到、听不到的"才算数。我们不能相信自己的眼睛和耳朵，我们只能"相信"他说什么就是什么。

3. 介入的技术

所有为人父母师长，或提供专业助人行为的人，在面对偏差行为个体时，我们要预设对方 ××× 型？还是〇 ×× 型呢？要用"因为 × 所以 ××"，来解释对方，还是用"原本是〇不幸却 ××"或"虽然 ××，可是最重要的动机是〇"来解释对方呢？哪一种模式，才能建立有效的助人关系呢？所以，不但要"先"相信对方 OK 的动机，还要"坚信"对方 OK 的动机，才能打开助人行为的大门。

（1）CD 循环、BCD 循环与 ABCD 循环

某些偏差行为，会变成个体创伤生理状态的后效。只要身体病痛难过，他就开始胡作非为，而建构了 CD 循环。又因为 BC 是一体两面的，所以大部分的 CD 循环，又会发展为 BCD 循环。甚至有些人，还会发展出 ABCD 循环，而牢牢困在创伤反应的循环历程之中。

介入的技术，首先判读当事人处于哪种循环状态？ 如果是 CD 循环，就要先解除 C 的困扰，才能打破 CD 循环。如果是 BCD 循环，也得先解除 C 的困扰，再解除 B 的困扰，才能打破 BCD 循环。如果是 ABCD 循环，就得先处理 A 的困扰，次而处理 C 的困扰，再处理 B 的困扰，才能着手打破 ABCD 循环。

（2）DH 循环、CDH 循环、BCDH 循环与 ABCDH 循环

偏差行为持续的时间愈久，就愈容易和别人或自己发生冲突。冲突事件次数太多或冲突指数太高，就容易逼出"意外事故"或"病态行为"。最严重的意外事故就是"死亡"，最严重的病态行为就是"自杀"。某些人因为 D 而建构 DH 循环之后，他就进入了自杀的死亡危机。处于 CD 循环的人，最糟糕的就是陷入 CDH 循环。处于 BCD 和 ABCD 循环的人，最可怕的发展，一样是陷入 BCDH 和 ABCDH 循环。

介入的技术，首在评估自杀死亡的危机等级，次而引入治疗性会谈技术，再降低心理危机等级至安全区域之后，才介入心理治疗的技术，处理死亡创伤。然后才依上述的介入技术，解开各个循环和困扰。

五、E阶段：人格违常的反应与刺激

（一）D阶段与E阶段的辨识

　　个体长时间处于D阶段，各种偏差行为的后设理念，会逐渐内化为人格的特质，而进入E阶段。D阶段的人知道自己行为是对是错，就算巧言辩解也自知是非。但是E阶段的个体，就算违法犯纪，也不自认他是错的。他只有需要，而没有是非对错。他会理直气壮地告诉你，他—没错，错在别人，错在环境，错在法律，错在这个世界。

（二）人格违常的种类

　　DSM-IV（美国精神医学会诊断系统第四版）提供10种人格违常的种类，但最令人担忧的是以下几种。他们不易被辨识，易被误判为"个性不好"、"坏脾气、老毛病"……。也因为这个原因，所以本文才把本类别从"精神官能症"里独立出来。

1. 类分裂（schizoid）型人格违常——孤僻的人

　　他们活在自我的世界里，做什么事都是自己一个人，而且一个人活得好好的。他们的感情很平淡，对什么事都冷冷淡淡的。没有朋友也不在乎亲人，不会主动和别人接触，接触时反而会有退化或软弱无能的状态。很容易被描述为——孤僻的人，然后站在一边而延误就医。

2. 反社会型（antisocial）人格违常——叛逆的人

他们无法承担各种社会角色和行为责任，不因为自己"是谁"而做该做的事，也不因为自己"是别人的谁"而做该为对方做的事。从小在学校里就会出现说谎、偷东西、戏弄别人、打人、伤害别人、逃学、逃课、逃家等行为。简言之，类分裂型人格违常的人，再加入各种违法犯纪伤人等，不负任何常规或道德或法律责任，且有攻击性行为的人，就是反社会型人格违常。他们很容易被描述为——叛逆的人，而被隔离或放弃，丧失了就医的机会。

3. 边缘型（borderline）人格违常——幼稚的人

他们没有自信、没有安全感、情绪不稳定、总觉得孤单、寂寞、被冷落、被抛弃。他们有高度的自我觉察能力，然后他们会去做许多事或放弃许多事，来避免或对抗或消除那种自己不能接受的自我状态。他们把每一件事都当极大事，然后用尽全力去"解决"或"生气"或"哭泣"或"自伤"。他们很容易被描述为——幼稚的人、不成熟的人，又因为家属不忍长期疲于奔命，放弃对他的照顾或不再随风起舞，而引发自伤或自杀死亡的危机。

4. 做作型（histrionic）人格违常——夸大的人

他们喜欢夸大、喜欢吹嘘、喜欢炫耀、喜欢引起别人的注意。他们必须立刻满足自己的需求，必须用夸张而两极化言语、动作、表情，来描述或引起或处理身边的每一件事。他们的情绪非常不稳定，一下子对你好、一下子又对你不好，一下子高高兴兴、一下子又悲伤苦闷。他们常被描述为——夸大的人，不是忍着他、就是闪避他，他也一直失去就医的机缘。

5. 依赖型（dependent）人格违常——没主见的人

他们没有自信、避免做决定、完完全全的被动性格。他们极其在乎每一个人的看法，非常容易焦虑不安、胡思乱想，而让自己手足无措、张口结舌，以致搞砸许多场子，所以就更焦虑不安。于是凡事顺从、处处依赖、避免让对方不高兴，避免让自己孤单一人，他的法宝就是"依赖"。这种人容易被描述为——没主见的人，然后被当成怯弱的、不成熟的个体。不是把他当"炮灰"，就是把他当"鸡肋"；也因而焦虑愈多，依赖愈严重。

（三）介入的技术

1. 温情

温柔宽厚的亲情、友情、人情与爱情，可以融化偏差行为者的心。可是，对人格违常者而言，最害怕的就是需求不能满足。所以，需要温情者。例如：边缘型、做作型与依赖型，只怕温情不足，不怕过多。"洪水法"的温情攻势，倒是有效的治疗方法之一。不需要温情者，例如：类分裂型与反社会型，根本不需要温情，所以千万别再给他无谓的困扰。

2. 心理治疗

包括容易被辨识为精神疾病的强迫症等人格违常患者，通常会被送到精神科接受"精神科医师"的"药物治疗"。但是，各种人格违常的人，几乎都有明确的动机需求、情绪状态、偏差行为与禁忌，为心理治疗提供完整的蓝图。所以，敦请"临床心理师"，给予适当的"心理治疗"，才是正确的治疗策略。

六、F阶段：精神官能症的反应与刺激

本文为了应用上的方便，把精神分裂症（schizophrenia）以外的其它种类疾病，都归入精神官能症。再从其中独立出人格违常，又把器质性障碍如巴金森氏症、阿兹海默症等，回归精神分类病的范畴。

（一）精神官能症（neurosis）的种类

在日常生活上，较易被辨识与造成较大困扰的，如以下三种：

1. 忧郁症（depressive disorder）

从轻郁、中郁到重郁三个等级，以下的症状会愈多愈严重：

（1）胸闷、心悸、手麻、手发抖。

（2）这里痛、那里痛、到处痛（身体疼痛的症状，但检查都OK）。

（3）什么"力"都没了（体力、活力、精力、注意力、记忆力、性能力等）。

（4）什么都"不"（什么事都不要、都没兴趣，纵容自己不想做就不去做，例如无聊、无趣、无精打采、不吃、不语、不动、不起床、不上班、不上学、不……）。

（5）生活作息混乱，失眠、厌食、变瘦、暴食或变胖。

（6）负向的情绪出现，愈来愈伤心、痛苦、忧愁、郁闷或长时间的哭泣。

（7）身心反应变得迟缓或急躁不安，萌生负向的动机念头，生命没有意义、自我价值感丧失、想死。

以上条列的症状，已包括 DSM-IV 认定的五种主要症状，并且较容易记忆和判读。前三项是生理的症候群，后四项是心理症候群，当两大类症候群都出现时，即可辨为忧郁症。

2. 躁郁症（manic-depression or bipolar disorder）

忧郁症的症状，再加狂躁期的症状，两者交互转换称之为躁郁症。狂躁期的症状如下：

（1）情绪亢奋、意念昂扬、多话，就像更"放大"的做作型人格违常者一般。

（2）动机与情绪大幅波动，就像更"放大"的边缘型人格违常者一般。

3. 焦虑症（anxiety disorder）

焦虑症通常会并同恐惧（fear）的状态，出现在个体面临已知或预期或未知或无法预期的威胁或压力条件时，出现负向的情绪、负向的动机念头，伴随不舒服的身体反应，以及无效能的偏差行为反应。那种无法控制的担忧与恐惧就是焦虑症。通常忧郁症会并发焦虑状态，甚至转化为焦虑症。

（二）儿童精神疾病的特色

除了标准化的各种症状以外，下列各项是较强烈的特征：

（1）过度亢奋或过度消沉。

（2）情绪激动或哀伤哭泣。

（3）厌食或暴食。

（4）失眠、梦魇或嗜睡。

（5）拒绝学习或拒绝上学。

（6）不语或妄语或夸大言词。

（7）捉弄人、骂人或打人。

（8）犯规抗命或为所欲为。

（9）时时说谎、天天偷窃。

（10）自伤、自残或自杀。

（三）介入的模式

1. 教师或亲友

教师或亲友的温情介入，并无任何疗效可言。提供日常生活的照顾，避免发生意外或死亡创伤，这是最基本的照护。除此之外，最重要的就是激发"病识感"，陪同接受心理或药物治疗。

2. 心理治疗与药物治疗

精神官能症以心理治疗为主要治疗策略，若是躁郁症或出现情绪失控或出现暴力攻击行为，则须引入药物治疗。

（四）FH 循环

当精神官能症患者萌生自杀动机时，即建立了 GH 循环。若自杀动机转化为"无对象性"之自杀意念时，就会引发危险的自杀行为。介入模式以自杀危机处遇程序为先，心理治疗为次。若处于急迫性的心理危机中，则先送精神科医院投入药物治疗，之后再引入药物与心理的联合治疗。

七、G 阶段：精神分裂症的反应与刺激

当个体失去知觉与表出能力，当动机与情绪的关联呈现分裂状态，出现了妄想、幻觉、僵直或怪异的动作、混乱或平淡的情绪、错乱或荒诞的语言等症状，称之为精神分裂症。精神分裂症有不同的亚型，但以精神药物治疗为主要介入模式，心理治疗并无啥用力之处。DH 循环的建制或病情加重而死亡，是最糟糕的两种状况。长期的机构化照护，反而是最安全的模式。DH 循环中自杀危机的处遇，也都以投入药物和医院照顾为主要模式。

第二节　死亡创伤的阶段

　　自杀、自伤自残与意外死亡，是最后的三种死亡创伤反应。有的人死了，有的求助成功而结束创伤反应的历程。有的人没死或求助不成，成为自杀未遂者，终身卡在相对应的创伤循环历程中，至死方休，或不死不休。

一、H阶段：自杀的反应与刺激

　　人类创伤反应中，最强烈的就是死亡。自杀与意外事件造成了死亡创伤，但这种死亡创伤，又造成家属致死的创伤反应历程。创伤至死的反应历程中，如果都没得到适当的援助或治疗，当事人就走入创伤反应历程的最后阶段——自杀。

（一）自杀的原因

1. 拉力与推力：幸福指数与痛苦指数

　　自杀的原因，不是当事人遭遇了哪个创伤事件？也不是谁对他做或没做什么？更不是他对自己做了或没做什么？不是压力太大，不是责任太重，不是饱受欺凌，不是辛劳备至，不是恩爱情愁……，这些都会造成"推力"，"推"着当事人让他"想死"。问题不在于哪些创伤事件会变成推力，推着当事人非死不可？因为任何大小轻重长久短暂的事件发生后，都会让人"想去死"。问题在于想死的人里面，为什么有些人自杀了，有些人却没有自杀？答案是：自杀的人和没有自杀的人，身上的推力可能一样大，也不一定哪个比较大。答案是自杀死亡的人，身上只有推力推他去死，却没有拉力拉他不能死。当事人身上没有拉力，或拉力小于推力的时候，他就容易自杀死亡。如果他的拉力又多又强，那么再大的推力，也不会令他自杀身亡。重点在于有没有拉力！而不在于有没有推力。

　　自杀学的研究重点，不在于辨识哪些是致命的推力，并且不让推力发生在个体身上；而在于研究拉力，研究个体生涯发展的各个阶段中，如何经由家庭、学校、社会的生命教育系统，建构绵密而强劲拉力网络，以及重建拉力的方法。如何测量一个人的推力呢？评价六大心理创伤，用痛苦盘描绘痛苦指数的技术，就是在测量推力。衡鉴哪种推力的致死程度，就是心理危机等级表的诊断技术（第三章第三节，p93、p94）。拉力呢？拉力就是六大心理连带关系的六大幸福指数，尤其是生命连带关系的幸福指数。幸福指数愈多分数愈高，拉力就愈多愈强，就愈不容易自杀。所以，在人生的各个阶段，如何建构更多更高的幸福指数，就是自杀防治最重要的初级防治工程。

2. 认知与人格的缺陷

　　（1）自杀方程式的学习与内化

　　自杀方程式：当个体遇到重大创伤事件，耗费巨资巨力之后仍无法解决时，（stimulation）就会萌生"死了就一了百了"、"死了就统统都解决了"、"只有死，才能结束"等念头（response）；这种"S-R"的键结模型，称之为"自杀方程式"。自杀方程式并非经由家庭或学庭或学校教育习得，而是来自生活环境中劣质文化的内化。个体在人际互动、传媒节目、戏曲歌谣、文字典籍、民俗采风之中，逐步抽出自杀之条件刺激与行为反应的因子，慢慢结构而成自杀方程式之后。若生活中的创伤符合预设之"S"时，就会萌生自杀死亡的"R"。

（2）没有求助的能力

个体在生涯发展的历程中，养成遇到无法解决的问题就"置之不理"，宁可承受造成的伤害，也不愿向任何人求助的习惯。他认为别人不愿意帮他，其实是他不知道向谁求助。他认为别人也帮不了他，其实是他不知道怎么开口求助。他认为要别人帮忙是很丢脸的事，其实是他没有勇气面对自己的挫败与无能的自己。学习正确的求助态度——敢于求助是勇敢的人，不敢求助才是懦弱的人；学习如何求助的管道——熟知提供援助的各种资源系统；以上两者的学习，正是求助能力的训练。

（3）缺乏爱与被爱的能力

某些个体在生涯发展历程中，只学会"爱的能力"而没学会"被爱的能力"。他把原生家庭中的亲情之爱，以及其他亲朋好友的情谊，都视之为当然而无所感动。他无法从被爱的历程中，获得生命的"幸福感"与"自我的价值感"。他的幸福感价值感，必须经由"爱"的历程才能获得。所以在各个生涯发展的历程中，他在不同的阶段"必须"去"爱"不同的人、事、物。当"爱不到"的时候，或者已经找不到"去爱"的对象的时候，或者饱经挫折已丧失"去爱"的"动机"与"能力"的时候，他就痛苦"欲绝"。

痛苦欲绝是种"推力"推着他想自杀，幸福感与生命价值的关系是"拉力"拉着他不能死。缺乏被爱能力的人，不能从被爱的历程获得拉力。他的拉力只能在爱的历程中获得，当爱而不可得知时，爱的历程中只有推力没有拉力，所以他只好"去死"。具有被爱能力的人，就算爱而不可得产生推力，却能于被爱的历程获得拉力，所以虽然痛苦"欲绝"，却"不会去死"。

3. 自我观与幸福感的归因

在创伤发展反应的历程中，从 A 阶段到 F 阶段，都有可能与创伤心理阶段的表出模型连结，结构出 BA、BC、BD、BE 或 BF 的循环。每一个循环的经验，都会在创伤心理的状态下，引发或持续引发"个体自我状态之抉择"。个体觉察与评估自我状态后，会进行"自我观"的"归因"——因为△△，所以我是一个□□的人。重点不在因为什么，而在"认证"我就是一个□□的人。尤其是用来盖棺论定——我这样的一个人，该活？还是死？

（1）自我观的评值

自我观类型	很幸福	不幸福
很痛苦	A	C
不痛苦	B	D

一个人自己觉得幸福、不幸福、痛苦或不痛苦，尤其是自己问自己要不要继续活下去时，撞击出来的东西是——我有没有能力控制环境，尤其是我有没有能力控制自己。个体所面对的是——我有没有能

力依照我的意愿存活与生活？答案如果是否定的，后续的行为不是伤人就是伤己，或是 21 世纪最流行的做法，放弃自己——忧郁症。

类型 A：很幸福也很痛苦，当事人处在无可抗拒的趋避冲突中。因为类型 A 的人，他的幸福感与痛苦感可能都来自同一人或同一事物，而这样的人、事、物，却又是他不能主控的；或者幸福感与痛苦感的来源不同，但是也都是他无法抉择的。这种非控制状态，会让趋而不可得，避之也不可能。易于萌生死亡意念，易于并发精神病变危机。

类型 B：很幸福且不痛苦，当事人处于幸福感泛滥而找不出价值感的状态中。因为日子太过平顺，完全没有冲突或痛苦的事情，使得幸福感变得索然无味。甚至，故意去破坏幸福感的条件，而引发人际间的危机。易于萌发死亡意念，易于并发精神疾病。

类型 C：不幸福又很痛苦，当事人处于双避冲突之中。想躲开不幸福，却陷落很痛苦；想逃开很痛苦，却又陷入不幸福之中。极易萌生死亡意念，发展自杀动机、意念与行为。

类型 D：不幸福也不痛苦，当事人处于无所趋避的困局中。生活步调缓慢，没有色彩、没有节庆、没有喜乐、没有哀愁、没有愤怒、没有痛苦、没有意义，什么都没有。易于萌发死亡意念，易于并发精神疾病。

（2）自杀动机的发展

从自我状态的抉择→自我观的评质→死亡意念的出现。当死亡意念出现后，又会回授→自我观的评质，我没有能力活下去→自我状态的抉择，我没有能力依照我的意愿活着或死去。然后就启动 H4 自杀方程式，发展出 H5 阶段的自杀动机或 H6 阶段的自杀意念。当 H5 和 H6 出现的时候，自杀的原因就只剩两个了，第一是不幸福，第二是很痛苦。

A. 不幸福——我的人生没什么好留恋的，干嘛继续活下去？幸福还区分成下列几种：

（A）毕生幸福指数一直偏低，家庭幸福指数也偏低。

不但如此，而且六大连带关系中，5 分、4 分的区块都是空白的，从来就没什么重要的、有价值的、有意义的，非怎样子不可的人、事、物、理等，可以为之如何或为之不如何。

（B）毕生幸福指数高，家庭幸福指数却偏低（或相反）。

日子过得还好，可是一想到或停留在家庭的生活场中，空气就立刻降到冰点。当事人会有两种想法，乐观的人会想"虽然后者……可是前者却……，所以我好幸福"；悲观的人会想"虽然前者……可是后者却……，所以我不幸福"；反之亦同。

（C）幸福指数随着生涯发展阶段或年龄的改变而递减。

当事人觉察幸福指数的递减，却不去想法子增加幸福指数，而停滞下来思索"愈来愈少怎么办？怎么办？"，不幸福感就出现了。

（D）两种幸福指数都很高却未能觉察，或是怕未来可能会消失。

身在福中不知福的人，总是未能觉察自己拥有高的幸福指数，而成天嚷嚷"我不幸福"。或是清楚觉察幸福指数很高，却成天担心"明天、后天、哪一天，万一掉下去了怎么办？"所以我现在不可以这么幸福，我要让自己不幸福，这样子以后才不会太难过。

（E）当然，幸福指数愈高，人就愈幸福。

而且六大连带关系都要有分数，每一区块的分数，也是愈高愈好。就算幸福指数低，其实还是幸福；许多人却会选择幸福指数低，就算是不幸福。

（F）幸福盘上有四大危机：

a 六大连带关系五分区块都没人；

b 六大连带关系五分区块都是同一个人；

c 六大连带关系五分区块上的人，都不是家人；

d 自我觉察幸福盘上幸福指数分配状态之后，并未起而主动经营幸福盘主动拉高幸福指数。而是承认"我就是这样"、"这就是我的人生"、"这就是我的家人"，从而自暴自弃于现在自我放逐于未来，故"人生没希望""没价值、没意义""干嘛要活着"。

B．很痛苦——我太痛苦了，不想活了，现在就死了算了！

（A）痛苦区分成下列几种：

a 创伤事件指数与创伤心理指数都很高。实体创伤很苦，虚拟创伤也苦，两者互成循环机制，所以非常痛苦，也不想活。

b 前者高，后者低。原本没事，却质疑自己的无情，或细数对方的罪过而让自己变成很痛苦。

c 前者低，后者高。不但让自己很痛苦，又因思及这么小的事我就这么苦，所以我真没用，所以苦上加苦。

（B）痛苦指数（负值）愈高，个体就愈痛苦，六大连带关系受创的种类愈多，个体就愈痛不欲生。就治疗的观点而言，减少创伤的种类，比降低创伤的指数更为重要。

（C）痛苦盘上有六大危机：

a 每一种连带关系都受到创伤。

b 每一种连带创伤都是同一个人或同一事或同一理或同一境。

c 创伤源都是亲人，特定的亲人或虚拟化的亲人。

d 震央（创伤事件）在某个心理连带关系上，但灾区（创伤心理）却扩大到许多其他的种类。

e 痛苦盘上的创伤源，不在幸福盘上或幸福盘上的分数很低。自我觉察痛苦盘上痛苦指数分配状态之后，并未主动改变或降低那些创伤心理。而承认"我就是这样"、"这就是我的人生"、"这就是我的家人"从而自伤、自残于现在，不留后路于未来，故"太苦了"、"不想活了"、"想快解脱"、"现在去死"。

（二）自杀行为激发的历程

萌生死亡意念的路径不同，就会发生不同程度与形式的致死行为。

1. 自伤与自残

A、B、C、D、E、F → H4H5H6 → K2 → I ⎡→（I1）自伤
　　　　　　　　　　　　　　　 ↓↗　　 ⎣→ ×（I2）自残
　　　　　　　　　　　　　　　 L

2. 意外死亡

A、B、C、D、E、F → H1H2H3 → K1 → K2 → J（意外死亡）
　　　　　　　　　　　　　　　　　　 ↓↗ ×
　　　　　　　　　　　　　　　　　　 L

3. 目的性自杀

A、B、C、D、E、F → H4H5H6 → H4 → K2 → H8 → H9

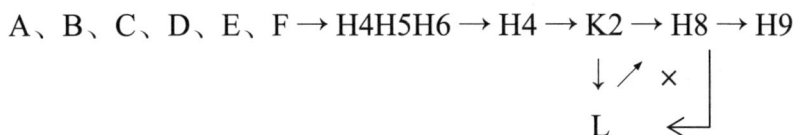

4. 病发性自杀

E、F、G → H4H5H6 → K3 → H8 → H9（自杀死亡）

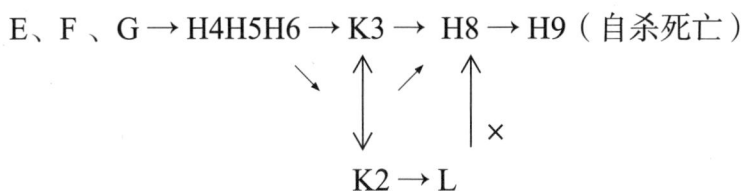

5. 撞针事件（K）

从 H1H2 → H3 的过程，都会中介一个 K。看起来 K 很重要，但它只是个导火线，而非导致 H3 的原因。K 可大、可小、可轻、可重、可缓、可急、可久、可暂，完全没个准字。但是没有 K，H1H2 就永远停留在 H1H2，不会出现 H8。

6. 最后的求助（L）

创伤反应的发展历程中，各个阶段都有人"求助"。求助成功，就结束这个创伤反应历程，重回正常的日常生活之中。若是求助没成功，就继续卡在某个创伤反应阶段，或继续重复经历创伤反应发展的历程。

撞针事件发生后，某些人还会"最后的求助"，求助不成或无效，就执行自杀行为而死，或执行自杀或自残的行为，或无法改变危险情境而意外死亡。

学习——敢于求助的态度，知道求助的途径，如何求助的方法……，这些都是"生命教育"的范畴，也是自杀防治的预防工程。学习辨识求助者的创伤反应阶段，给予适当的介入援助，这是咨询与心理治疗的基本历程，也是自杀防治的治疗工程。各种求助信号的宽广，更是当代社会人人必备的常识。

最后的求助，不见得是表白自杀的危机，也可能绝口不提这件事，反而是寻求迁居、换工作、逃家、离婚、弃养等。尤其是彻底改变其人生，或生活形态、或生活连带的一些改变，例如：去当陪酒，或远去他乡他国等。这些最后一搏的努力，很极端的角色或空间的改变，都是当事人最后的一线生机。如果不成，他就去死。

（三）自杀的种类

从自杀的原因、历程和结果，综而观之，自杀可分为四大类：意外性自杀、动机性自杀、目的性自杀和病发性自杀。

1. 意外性自杀

当事人因意外事件而死亡，但造成意外事件之所以发生的条件，却是当事人执意要做的"前置事件"K1。通常已萌生死亡意念，且具备某些性格特质的人，才"敢"去做那些置自己于险境的"前置事件"，然后"意外"死亡。这种意外死亡的个案，称之为意外性自杀。

2. 动机性自杀

当事人萌生自杀动机或自杀意念之后，又觉察与抉择回授后的自我状态。个体采取不同的手段，来对抗"因为△△所以我要自杀"的死亡威胁。第一种方式就是自伤I1，当事人用肉体的痛苦，企图取代心灵的痛苦。第二种方式就是自残I2，当事人用凌迟自己身体的方法，来"惩罚"自己的恶念。这两种残害自己身体至濒死状态，用以抗拒自杀动机的行为，称之为——动机性自杀。这两种动机性自杀，都不会致死，但会造成自己、尤其是亲人——生不如死；或者不死也剩半条命；或者活着只是笑话；或者证明亲情只是狗屎，人生只是一坨大便。但是，有时候也会"过了头"或"意外"而死。

动机性自杀是"因为……所以我想死"，或者"我，想死！"，是把每一个"当下"和"自杀死亡"两个时点对立起来。然后每个日子都在想怎么死？何时死？在哪儿死？寻找死或不必死的契机？寻找那个"撞针事件"？他站在生活的每一个当下，用心审视自己放大每一个生活事件，想着、望着、等着、计划着"自杀死亡"那个时点的到来，或如何辨识、选择、准备与抉择"自杀死亡"的时点。

3. 目的性自杀

目的性自杀是"反正（既然）我要自杀了，那么现在我要怎么过日子呢？"，他也是把每一个"当下"和"自杀死亡"两个时点并立起来，然后想着垂死（将死）之人，现在要干嘛呢？找谁去干嘛？让谁对我干嘛？想干嘛就干嘛？就算被干嘛也无所谓？就算被怎样也无所谓？他不去思考怎么死？何时死？在哪死？或者要不要去死？他"确认"一定要死，他确认"撞针事件"来的时候，他就会去死。他早已"确认"怎么死，他"确认"丧钟一响，他"一定"会听到。所以，他是站在"自杀死亡"的那个时点，想着、望着、看着、等着、计划着"还活着"的日子要"怎么过"？

已经发展出"目的性自杀"的人，把自杀当作生活的目的，以"活死人"的态度来对待自己。日子里的人、事、物，皆非它们本来面貌；而是蒙上"垂死之人"的黑纱，来赋予价值、意义和反应形式。照常上班、上学、约会、吃饭、唱KTV、跳舞、逛夜店、出国、上床、喝咖啡、做义工……，然后听到钟响（撞针事件），他就告诉自己"走了啰！"。他理智地、冷静地、不露声色地、清楚明白地做好临终安排，然后到某地、用某种方式结束自己生命。整个过程还是可能出现"最后的求助"，若是求助不成，他一样继续执行自杀任务。没有激情、没有悔恨、没有哀伤、没有愤怒、没有怨恨、没有期盼、没有失望……他平静地结束自己的生命。

自杀不是动机或意念，而是生活的目的。所以，不管这种人是哪种个性的人（其实乖乖派的女生，很多是这种人），他们共同的特色如下：

（1）决断（我决定的事就不会改变）

日子里每件事（天大地大的事），他们都能立刻下决定。而且决定后绝不更改（打死不退），不管已出现什么危机，或必须付出什么代价，他们都无所谓。他们总说"我支付得起（任何代价）"，因为他是"垂死之人"。因为他们是垂死之人，所以他们会选择某些人、事、物——一定要掌握在我的手上。强烈的控制欲，表现在坚决、顽固、刻板的行为之中。

（2）为所欲为（去道德化行为）

他们会竭尽身边所拥有的各种资源，去做想做的事和以前不敢做的事，或没人敢做的事。因为是垂死之人，所以行事为人就无所禁忌，只要能游走法律边缘，就无所谓道德或常规或常理或人情。所以，人情、友情、爱情、亲情的所有应该与不该，对他们都起不了作用。他们只是随手摘取，他们说重要就重要，说不重要就不重要。

（3）切断家庭六大连带关系

他们主动或被动切断其与原生家庭，以及每一个家人之间的六大连带关系。他们与生死、苦乐、生活、经济都无关，也与家人没有关连，虽然还可能住在一起。而且，大部分都在童年或少年或青少年时期，即已发展完成目的性自杀的阶段。家人、朋友对他们再好，他们都收受不到，更不会感谢、感恩而萌生幸福感。但是，他们记住，牢牢地记住，从小到大，任何人对他们施予的不平、不好、过错与罪孽。他们用这颗黑色的大雪球，喂养自己。

（4）天窗（生命的出口）

他们也为自己的生命找寻出口，但找的不是出入的门，而是遥望蓝天的"天窗"。他们也约会、同居、结婚、生育子女……；可是，他们的生命，并没有因为这些人、这些关连而改变。他们生活的目的还是死，自杀的目的从来没变，永远不为任何人改变。爱情一样浓烈（照常与第三者、第四者约会同游），婚姻一样神圣，子女一样热爱……但是，他们随时可以按下开关结束这一切。

4. 病发性自杀

当事人罹患人格违常或精神官能症或精神分裂症等精神疾病（当然以罹患忧郁症最多），萌生自杀动机或自杀意念之后，病情发作或遭逢撞针事件而病情发作，丧失感官知觉能力，丧失理智与行为控制能力，做出伤害自己生命的行为，即为病发性自杀。

这类人最容易辨识，因为他们都处于精神疾病的状态，且自杀前的行为征兆清晰强烈，是所有自杀类别中最好防处，也是最容易治疗的类型。

二、I 阶段：自残或自虐的反应与刺激

（一）自残

自残行为 I1：是用濒临致死的行为，来对抗或解除企图自杀（想死）的内在威胁。尤其是用肉体的痛苦，解除心理的痛苦。以"割腕"为例，每道割痕都有一个凄凉的故事。可见，接下来就演变成"以死相逼"了。从第一刀割下去之后，"割"就变成解决每一件事的方法。自己不从——割，别人不从——割，呛声——某某事，只要……我就——割。

自伤行为的人，大抵都有严重的心理创伤。他们习惯于切断其与原生家庭或家人间的连带关系，然后把"生命的出口"放在某人、或某事、或某段恋情上，成也割、不成也割。早先是躲起来割，躲着家人、躲着所有的人——偷偷割。后来会预告他要割，甚至在"生命出口"那个人面前亮刀要割。一把美工刀，吓坏了身边的亲人。

自伤的人，极度缺乏安全感，缺乏自信心。老是觉得别人不喜欢他，找他麻烦。任何事都很在意，很容易就觉得受伤、委屈、难过、掉眼泪。他们和家人维持最低调的生活连带关系，遇到挫折喜欢逃避。不择手段不惜代价地"逃"到可以"避"的地方，所以容易发生各种意外。逃不了避不了，或逃避而出意外之后，就是反省的时候了。很会想，很会惶恐，整个人处于焦虑、恐慌的心身状态。然后，找日子或拿起收藏身边的刀子——割。因为，一切都是你们的错，我也不想这样啊！都是你们逼我的。

（二）自虐

自虐行为 I2：是用凌迟肉体的行为，对抗或惩罚企图自杀（想死）的内在威胁。重点不在于肉体的痛苦，而在于我"施予"自己肉体的痛苦，在于我"惩罚"了自己。原来是惩罚自己"想死"；次而惩罚自己"把自己搞得非死不可"；进而惩罚自己无力面对每一个创伤；更进而惩罚为什么容许别人如此对我；再惩罚自己来"替代"的惩罚别人。惩罚自己让自己不要想去死，惩罚自己让自己慢慢死。最后，惩罚变成一种习惯，不管发生啥事，他都要惩罚自己。

惩罚自己的过程，他获得"主宰感"，成为有控制能力的人。这种人和自伤者有类似的创伤心理，不同处在于他是受害者，这一切都是我害的。他是受害者，更是施害者。第二个不同是情绪反应，自伤者喜欢悲伤哭泣，自残者喜欢生气、愤怒。他动不动就生自己的气，动不动就惩罚自己；他用惩罚自己来惩罚别人。以上这些状况，都是他处于权力系统下位时的行为。当他处于权力系统上位时，他会肆无忌惮地为所欲为，对下位者残忍暴戾，极尽控管之能事。

三、J阶段：意外死亡

意外死亡人口，一直高占台湾10大死因前二至五名。有多少自杀死亡人口，被藏在这项统计数字中，一直是个耐人寻味的问题。某些死亡意外是可以避免的，某些死亡意外是避免不了的。被别人的意外事件波及而成为被害者，真的是命运作孽。可是自己发生意外而身亡，却大都是可以避免的。例如：学生坠楼意外的事件，如果从栏杆上摔下楼是意外，那么爬上栏杆也是意外吗？

意外事件的前置事件：意外事件发生前的情境，通常是高度危险的情境。个体为什么会置身于这个危险情境呢？因为发生了一个"前置事件"，把他从安全的情境转移至危险的情境。这个前置事件，通常也是意外吗？都是被迫的吗？没有！通常都不是被迫的，而是（几乎）都是他"故意"的、或"刻意"的、或"坚持"的。那么，他为什么一定要这么做呢？通常，别人不会爬上栏杆，也不敢爬上栏杆的呀？他为什么"敢"？为什么"要"？

在他把自己逼至绝境，然后发生意外而死之前，其实在日常生活中的大大小小事件，他一直在玩这个游戏。他常"置之不理"，放任或逼迫生活中的大大小小事件，让许多问题都被逼成左右为难、或热烫山芋、或尖锐对立、或高度冲突、或风声鹤唳、或心慌意乱人仰马翻、或造成紧张状态，或造成危险的情境。然后才责怪别人"怎么会这样","为什么这样对我"。然后,一个人跑到屋顶或栏杆上"思考",或者一个人跑到山上或海边"沉思",或者一个人半夜开车在高速公路"狂飙",或者一个人到公园或空旷处"反省",或者一个人跑到 KTV 自己"飙歌",或者一个人跑进 Pub"喝酒跳舞",或者一个人跑去"自助旅行",或者一个人彻夜泡在"网吧",或者上网约个网友"见面",或者打电话给某个仰慕者出去"玩玩",或者……。他经常"意内"地让自己陷身绝境,然后总有一天"意外"死亡。

（一）意外死亡者的人格特征

怎样的人会做出那些"前置事件"呢?这种人极度骄傲又极度自卑,心浮气躁容易动怒。而对外人会过度压抑一切情绪,而对亲人却过度爆发一切情绪。强烈地企图爱与被爱,可是爱与被爱的能力很低,情绪变异性大,好反省、好猜疑。行事坚定不移,下决策就打死不改。爱做逻辑推理,但老是愈推愈糟糕。很努力、很负责、很有才华、很吸引人。他就像一团暴风雨,愈靠近的人死伤折磨愈惨重;偶尔也像春风、像冬阳,让身边的人舒畅无比。不过 80% ~ 90% 是暴风雨,好日子不会超过 10% ~ 20%。

当这种人:

（1）卡在 A 阶段。

（2）卡在 B 阶段或 AB 循环。

（3）卡在 C 阶段或 BC 循环或 ABC 循环。

（4）卡在 D 阶段或 DC 循环,或 DBC 循环或 DBCA 循环。

（5）卡在 E 阶段或 ED 循环或 EDC 循环或 EDCB 循环或 EDCBA 循环。

然后萌生 H1 H2 H3 死亡意念之后，他就会"意内"。他操作某"前置事件"，然后发生"意外"、发生"撞针事件"，导致激情冲突，或悲伤愤恨，或冷漠轻笑，或被殴、被抢、被性侵害，或死路一条——意外性自杀。

PART 3

自杀的征兆与处遇技术

萌生自杀动机、转化自杀意念或出现自杀行为的人，都会表出各种行为征兆向他人求救。当这些信号表出而未获得响应时，他就会开始执行自杀的行动。求助的时间或长或短，行为的征兆或隐或显。以下的"六变三托"是辨识自杀行为的征兆。尤其是心理危机等级的判读，更是自杀危机处置重大突破。从心理创伤模型，自杀（未遂）个案治疗性会谈模型，到12种死亡咨询的技术，都是自杀处遇的重大技术。

第一节　自杀的行为征兆

一、成人自杀的行为征兆

撞针事件发生或认证之后，以至自杀行为发生之前，成年人会出现以下的行为征兆。每一个征兆都可以视之为求救信号，或者是生命最后的挣扎。如果没人发现或伸出援手，自杀死亡将是最后结局。

（一）六变

1. 性情发生巨大的改变

外向的人突然变成内向，内向的人突然变成外向；少语的人突然变得多语；反之亦然。个体的个性、气质与情绪行为模式，突然发生巨大改变时，都是自杀的危险征兆。

2. 行为发生巨大的改变

当个体不按规律习惯作息，该干嘛不干嘛，不该干嘛却去干嘛，或出现持久的反常动作与行为，都是自杀的危险征兆。例如：翘班、逃学、请病假（不上班不上课），开始酗酒、开始注射或服用毒品，开始自伤自残，一直打电话或一直不接电话，一直缠着人或突然消失无踪。

3. 经济发生巨大的改变

当个体把存款全部提现，或乱借钱把钱胡乱花光，或全部捐款给慈善机构，或乱买东西送人。这种突然以各种极端方式，花光所有财产的行为，也是自杀的危险征兆。

4. 语言发生巨大的改变

当个体日常说话的内容，发生以下的改变时，就是自杀的危机征兆。语言的征兆非常容易辨识，但是也非常容易被忽视，或引为笑谈而不了了之。

（1）突然开始阔谈或书写"生命的意义"。

（2）突然开始阔谈或书写"死亡的价值仪轨与花费"。

（3）突然开始阔谈或书写"自杀的方式"。

（4）突然谈论或书写一些不在他现在生活范畴的事情。

（5）突然谈论或书写"家庭责任解组"、"生存信念解组"、"活不下去"、"死了算了"、"我想自杀"、"我会自杀"……等语言。

5. 身体发生巨大的改变

以下的征兆，在自杀危机中扮演"撞针事件"的角色，可能会直接引发自杀行为，或激发病态行为而自杀致死。

（1）突然得了不治之绝症。

（2）突然遭逢变故，肢体或颜面或脊椎伤残。

（3）罹患精神疾病久治不愈，或近期刚治愈出院。

（4）罹患重病或慢性疾病不愈。

（5）动机与情绪发生极端或异常的改变，陷入深度焦虑、忧郁失眠、恐惧恐慌、强迫或狂躁之中。

6. 环境发生巨大的改变

生活环境的异常变故，或成为重大创伤事件，直接引爆死亡意念，或扮演极其敏感之重大"撞针事件"的角色，极易引爆自杀行为。

（1）天灾人祸、家毁人亡。

（2）妻离子散，家财散尽。

（3）重大关键事务严重挫败，如失恋、失婚、失学、失业、大考失败、大业不成……等。

（4）家庭或家人或重要他人，发生重大变故或死亡创伤。

（二）三托

以下三种情况，都是自杀者的求助信号，都是"临终安排"，所以危机更严重。三托的现象，主要是动机性自杀者，尤其是目的性自杀者。目的性自杀者采取这三种作为时，通常已发生"撞针事件"，极可能已决定自杀的计划，所以务必要谨慎处理。

1. 托人

突然向亲友嘱咐、要求或委托，加强对某人的照顾。

2. 托事

突然把自己的重大事件，要求或委托代为执行或完成。

3. 托物

突然打包身边重要文物、玩物或宠物，要求或委托代为照顾或保管。

二、儿童、少年自杀行为的特性

当代最令人扼腕的危机，是儿童与少年，从小就从流行的传媒中，键结完成自杀方程式。所以除了以上的六变三托以外，儿童与少年会呈现以下的特性。

（一）小事致死

对于儿童与少年而言，他们身边发生的那些小事（成人眼中的小事）都是"大事"。当他们用尽一切努力都无法解决时，也就只好"一死了之"——套入自杀方程式的结果。所以，师长与专责自杀防治的成人们，必须去检视与训练孩童处理身边各种事物的能力，了解哪些问题是儿童与少年的"创伤事件"，才能解除孩子们为"小事"而自杀的危机。

（二）求助无门

台湾地区天使专线 0800555911 儿童自杀防治专线发现：致电的孩子都没把难题告诉父母或老师，甚至回答："讲了没用"、"还会被处罚"、"愈严重"……等。亦即，某些家庭与学校教育，已经严苛到孩子"只敢报喜不敢报忧"，甚至"不敢报喜也不敢报忧"。当孩子无法解决他的"大事"时，又面临"求助无门"，真的只有"死了算了"。

（三）权力系统倒错

儿童与少年生活在两种"权力系统"，一个是"家庭权力系统"，另一个是"班级权力系统"。当家庭权力系统中，上位的父母与下位的子女权力倒错时，当班级权力系统中，上位的老师与下位的学生权力系统倒错时，孩子就容易滋生意外事件或创伤事件，更容易催化"创伤反应发展历程"，而趋向病态行为反应或与 H 阶段键结。千万要特别注意，会意外致死或自杀致死的儿童或少年，几乎都在两个或一个权力系统中，已发生权力倒错的现象。

三、儿童少年创伤致死的偏差行为

哪些孩子会有四类的自杀行为呢？尤其是被隐藏在意外性自杀而死亡的孩子。当撞针事件出现时，当六变三托的行为征兆出现时，可能我们根本就没看到而错过，也可能我们缺乏专业能力而无法有效地介入或援助。因此，如何在偏差行为阶段，就能筛检出较可能发展至自杀阶段的孩子。就必须找出那些偏差行为，比较可能发展出死亡意念或病态行为？

（一）不正常的拒绝学习或拒学

考试考不好的科目，就有可能发生拒绝学习该课的现象，这是"正常"的现象。如果成绩并未突然变差，或者是全面性拒绝学习，就是危险的信号。如果"正常"的现象来自精神病变的影响，那也是危险的信号。

拒绝上学，是所有少儿精神病变共同的特性。拒绝上学，如果发生在小三小五重新编班，这是"正常"的现象。如果家中亲人发生离异或伤病死亡的现象，这也是"正常"的现象，如果，排除上项理由，突然连续性的部分时间逃学，或者假装生病一直请假，或者没理由的不去上学，或者上了学不进校门，进入校门不进教室，进了教室不坐下来，坐了下来不打开课本或上课后还趴在桌上，这些都是危险的信号。

（二）不动或过动

有些孩子上课下课都端坐不动，除了上厕所和自己在校园附近走走之外，不说话不和别人玩，没有朋友或极少朋友。说话小声如蚊子，眼光向前只看 1 米地带，不敢和别人讲话，不敢举手发言。功课却中等以上，性格却坚毅顽固，行事果决果断，生活自理能力良好，情绪会出现狂躁或狂哭的现象，这就是危险的信号。

有些孩子躁动不安，上下课都动个不停，不守常规和礼仪，不遵从师长（或父母）命令，无法自制地去碰别人、打别人、发出怪声、敲打桌椅、吐痰秽语、不交作业、不考试、厌食或暴食，为了小事而吵闹不休，一生气就哭闹不止，会逃学逃家或自伤自残，甚至以此为条件向师长威胁。这些都是危险的偏差行为。

（三）权力系统倒错

不服从师长与父母的命令，敢于争辩、顶嘴、谩骂或违抗父母或师长的要求，甚至有侮辱的言词与攻击父母师长的行为出现，这就是权力系统倒错。若权力系统倒错，而且还有以上前两项的偏差行为，这孩子就会发展出致死创伤的高危险群。

第二节　自杀的心理危机衡鉴

一、心理危机等级表

面对（可能）自杀之个案时，最重要的不是"找出想死的原因"或"劝他不要寻死"，而是诊断其"心理危机等级"并降低危机等级，藉此解除自杀之危机状态。心理危机等级表如下，把自杀危机区分为七等26级。从第一等至第七等，是自杀者序阶性的心理发展历程，危机也愈来愈严重。从A级至Z级，同一等别之内的级别项目，是该等别之个案所面临的序阶性负向自我状况的发展。

生命危机等级表					
类别	等别	案情主题	级别项目	程序	核心问题
轻度危机	1	生活事件控	□ A 事理不平　　□ B 人际困扰 □ C 无解决方案　□ D 忧思苦恼 □ E 痛苦绝望　　□ F 冷漠 □ G 精神困扰	A, F→K	没有能力控制事件 ↓ 不想活了
	2	人际冲突挫败	□ H 对环境负向观　□ I 对他人负向观 □ J 对自己（过去、现在、未来）负向观（旁观者：否定，拒绝）	B, F→K	
中度危机	3	异常动机困扰	□ K 深度焦虑、恐慌、畏惧、强迫 □ L 对自己、他人或社会的敌意（受害者：报复心，想攻击） □ M 对生命的敌意 □ N 家庭责任瓦解 □ O 生存信念瓦解	C, F→L	没有能力控制自己 ↓ 死了算了
	4	异常情绪困扰	□ P 重郁、大哭或狂躁的经验与倾向 □ Q1 不快乐、Q2 活不下去了！ □ R1 太痛苦了、R2 死了算了！	D, F→L	
重度危机	5	已启动自杀方程式	□ S1 过去、S2 现在、S3 未来的自杀动机（因为…所以我想自杀） □ T 自杀意念（想自杀，只是要自杀） □ U 目的性自杀（只有我自杀，他们才会……）	E, F→M	没有能力救活自己 ↓ 我要自杀
	6	准备进入自杀程序（行为）	□ V1 自伤（自虐、自残、自杀）的经验，V2 无法制止自杀的处境…… □ W1 自杀安排，W2 临终安排	O, P, F→M	

（续表）

			生命危机等级表			
类别	等别	案情主题	级别项目	程序	核心问题
急迫危机	7	已进入自杀程序（行为）	□ X 立刻去死，现在就自杀的冲动或行为 □ Y 病发失控 □ Z 自杀行为（前、中、后）	N, O, P, Q, M	没有能力 阻止自己 ↓ 非死不可

轻度危机：第一等至第二等→有生活适应的危机，容易沉沦于他人或事件或生涯的际遇之中。认为千错万错都是别人的错、错在他人、他事、他物。觉悟自己没有能力控制环境，造成自己生活事件失控，而出现死亡意念，这是第一等；造成人际冲突挫败事件，而出现死亡意念，这是第二等。轻度危机还不会威胁生命，但应找亲友谈谈。

中度危机：第三等至第四等→认为千错万错都是自己的错，特定的事件或他人已消失，而沉沦于自己特定的负向动机意念，或者特定的负向情绪之中。不再攻击外在的条件刺激源，而只攻击自己负向的反应与自我状态。觉悟自己没有能力控制自己，会有死亡意念，但还不会威胁生命，这是第三等；觉悟没有能力控制自己异常的情绪，而有死亡意念，这是第四等。中度危机还不会威胁生命，但应寻求专业心理咨询或辅导。

重度危机：第五等至第六等→不再攻击他人、自己或事件的如何与如何，而直接威胁生命的存在状态与继续存在的可能性。觉悟没有能力继续活下去，心里只有一个念头，就是"死"、"想死"、"去死"、"死了算了"、"死了就都没了"。已经启动自杀方程式，产生自杀动机、意念或目的性行为，这是第五等；已经进入自杀准备程序与临终安排，这是第六等。重度危机请立即找人陪伴，不要让自己离开人群，避免一个人独处，尽速寻求专业心理治疗。

急迫危机：第七等→觉悟自己没有能力救活自己，出现立刻寻死的语言或行为，这是第七等。生命有立即性的急迫危机，请再给自己的生命一次机会，千万不要独处，一定要找人陪伴，告诉自己立刻接受专业心理治疗，或精神药物治疗。至少，打电话到希望 24 热线 4001619995，为自己留一线生机。

二、危机判断

依照案主会谈时陈述内容与心身状态，在等级表上勾选适当项目。完成第一阶段"案主事件陈述"之后，检视等级表上已勾选之最严重等级，即为案主 Here and Now 之心理危机等级。每一等别的案主，都可能会说他不想活了，但应以连续被勾选的最低等级为判断标准，否则会高估危机。案主事件陈述阶段的完成，有三个信号：第一个信号是对方讲完了，问你："我该怎么办？"，第二个信号是对方重复讲第二遍了，第三个信号是对方已连续讲了 15 分钟了。

三、危机解除之治疗性会谈技巧

　　面对发生自杀危机的案主时，最令人焦虑甚至恐惧的，就是不知道要谈什么？谈不下去了，对方挂电话或不理睬或走人了，那该如何是好？要命的是，谈完了到底是命也完了？还是救回来了呢？诊断出案主的危机等级之后，会谈的内容即为其级别项目。不论当事人被勾选在哪一等哪一级，记住要把该等级内所有级别项目全部拿出来谈。心理危机等级之发展历程，就是一个人从轻度危机至急迫致死危机之创伤心理与行为的发展历程。从 A ～ Z 的每一个级别项目，都是案主内心冲撞挣扎的"隐私"。诊断落在哪个等别，该等级之内的各个级别项目，就是案主 Here and Now 的内心思绪。而且，这些都是隐私，都是难以对人启齿，也一直没有机会讲出来的心语。自杀个案会谈，首重同理心的支持。你讲的主题，必须是对方现在心里想的或卡住的内容。说完后，再引导谈论上一个等级之每一个级别项目，如果案主跟得上来谈论较轻等级之案情主题，即代表其心理危机等级已减轻一等。带着案主沿着级别项目倒推着交谈，就是危机解除之治疗历程。如果案主突然又跌到较严重之等级项目，我们就必须跟下去，在那个等级里重新会谈（为什么？因为这代表这里还有问题，还没有被完全的同理与释放）。亦即，谈话内容为：

$$6\text{-WV} \rightarrow 5\text{-UTS} \rightarrow 4\text{-RQP} \rightarrow 3\text{-ONMLK} \rightarrow 2\text{-JIH} \rightarrow 1\text{-GFEDCBA}$$

危机解除的信号，包括案主会谈的主题往上移至第4、3、2、1等，说话愈来愈大声，以及谈话焦点从"人"转到"事"，从"我"转到"我的"，从被动发言转为主动发言。如果案主跟随治疗性语言的引导，逐次谈论较轻等级之级别项目，却未出现上升危机解除信号，就代表案主在敷衍你，想尽快结束会谈。或者案主不愿跟随治疗性语言的引导，逐次谈论较轻等级之级别项目，这都是助人者无法建立有效的助人关系的指标，应立刻结束会谈，并转移个案由他人接手。若危机解除的信号出现，只要切入中度危机，我们再扣紧——A.失控之生活事件或B.冲突挫折之事件或C.困扰之异常动机、D.困扰之异常情绪等焦点成"没有能力控制环境"、"没有能力控制自己"，即可进入心理治疗程序。

第三节　心理创伤重建技术

心理创伤的重建，有其共相的基本程序，必须依照各序阶的发展，选用该序阶适用的助人技术，否则助人行为不但徒劳无功，反而增加求助者的痛苦。自杀（未遂）个案治疗性会谈技术操作模型，操作程序更是不能错乱。本操作模型较具专业性，仅供临床心理治疗使用，故只呈现模型全貌供读者参考。

一、心理创伤重建模型

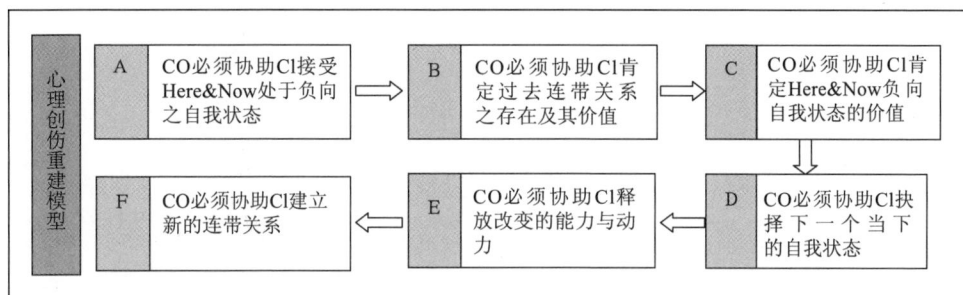

心理创伤重建模型分成六个操作阶段，A→B→C→D→E→F，是固定的操作程序。这个模型是建立在"一个人要去帮助另一个人时"，相对于当事人创伤心理与创伤心理重建的历程，助人者应该拥有的"专业"技术。这种专业模型的操作，让助人者超越各种不同创伤事件的内容，超越自己创伤事件的"经验"，摆脱如何解决千奇百怪创伤事件的梦魇，而有效地协助当事人（不管遭遇哪一种创伤事件）重建其创伤心理。

（一）A 阶段：CO 必须协助 Cl 接受 Here &Now 处于负向之自我状态

生气的人，最气别人劝他"不要气了"。伤心哭泣的人，最难过的是，别人劝他"不要哭了"。我哭我气，我大哭我大怒，是因为我"必须"，我"不得不"，我"一定要"大哭或大怒，如果那时候我再不大哭再不大怒，我就死给他看或者我就不是人。

对当事人而言，我之所以处于负向自我状态，不是我错了或我笨、或我不理性或我胡涂、或我感情用事或我神经病，而是我需要、我必须、我一定要、我只能、我选择、我自自然然变成这样——这就是我，这就是现阶段最棒的我，这是我付出所有努力之后最好的结果。

对当事人而言，虽然这是事实，但是自己并不能接受。他必须努力地劝自己，这就是事实，这就是你努力的结果——这就是我。当事人找尽各种理由劝服不了自己的时候，旁人、亲友甚或助人者，却争相告知或劝说"不要哭了"、"不要气了"——再三地"否定"当事人负向的自我状态。这就像伤口抹盐一样，让当事人无法"接受"自己负向的自我状态。

大部分求助者在第一阶段都得不到这些，因为我们的文化似乎让我们不愿意或不喜欢身边的人处于负向自我状态。一般人在操作助人行为时，第一句话是"怎么了？"，然后"发生什么事？"、"别哭、别生气了"、"到底怎么回事赶紧讲给我听……"，不但不关心且否定对方的创伤心理，还这么一路杀入创伤事件地询问。

只有别人、外人、亲人或助人者，"接受"他负向的自我状态，当事人才有机会或有借口（或有阶梯可下），"接受"自己负向的自我状态。所以在心理创伤重建的第一阶段，就必须"接受"当事人Here & Now 负向的自我状态。就必须说"气坏了吧！谁能不生气呢？"、"哭得好惨！好辛苦啊！谁能不哭呢？"、"很难过吧！辛苦你了！"、"很痛苦吧！真难为你了"、"你必须承受这么多！还好你够坚强！"、"还好是你，有多少人受得了啊！"、"大概只有你受得了吧！"、"除了你，这么愤怒、这么悲伤之后，谁还挺得住啊？"、"你是如此的坚强，换了我或别人，大概已经……"、"看你的样子，好心疼啊！幸好，你是一个坚强、勇敢的人，加油啊！挺住哦！"、"谁会不生气啊！"、"谁会不伤心啊！"、"谁吃得下饭啊！"、"谁还活得下去啊"、"谁能不痛苦欲绝呢？"、"谁还会要理会别人啊？"、"任何人都会痛不欲生的，更何况是你……加油啊！在所有人的朋友里，你最坚强了！"、"这种伤悲、这种愤怒、这种痛，天底下也只有你能受得了吧！"、"你一定要生气的，你一定要哭的，你一定要如此！"、"你当然得这样子啊！你非这样子不可的，辛苦你了！难为你了！"。

以上例句，都是心理创伤重建的第一阶段，可以使用的有效的"咨询语言"。当事人等着听的就是这些话，听到这魔咒般的咨询语言，他才能把高举过头的巨石放下。巨石平抱胸前的他，才会因为别人的接受——这个接受就是相信与原谅，相信他已经努力了，原谅他真的是不得不的——然后才接受自己，才相信与原谅自己，才接受平抱胸前的巨石。

（二）B 阶段：CO 必须协助 Cl 肯定过去连带关系之存在及其价值

就"菜市仔咨询"而言，第一句"不要哭了、不要伤心了、不要生气了"，就已经杀伤力十足的一巴掌打向当事人。不过，第二记巴掌更狠。"早知如此，何必当初呢？"、"早就知道不对嘛"、"早就知道一定会出事的嘛！"、"早劝你，你就是不听，才会这样！"、"看吧！你们原来就不配嘛！"、"这事本来就不可能成的嘛！"、"当初，根本就不需要……"、"原先，就不该……"、"那种人，本来就不值得你……"、"你以前何必要对他……"、"那人本来就不适合你！"、"过去的一切，本来就都是错的！"、"以前种种，都是妄念，都是错误，都是罪孽呀！"、"你们的关系本来就很脆弱，就不正常，就有问题，就不可能有结果嘛！"

以上每一句话，都是菜市仔咨询员常用的第二记巴掌。这一巴掌再打下去，更强烈地否定了当事人过去的连带关系。明明白白的鞭打当事人——不但你现在这样是错的，你以前就已经是错的，你从以前一直错到现在——完完全全地否定了当事人的"能力"。两句话两个巴掌，就把当事人打得痛不欲生，就在巨创当事人之后，双方的（咨询）关系正式宣告破裂。助人关系已破裂，那还有什么助人行为可谈呢？

在心理创伤重建的第二阶段，我们必须"肯定"当事人过去的连带关系，绝不能用"现在"来否定"过去"。"好可惜呀！原来是那么的幸福！"、"天啊！你们多相配呀！以前真是羡慕死人了。发生这种事，你怎么受得了啊？"、"虽然如此，可是以前的种种都是真的，都令人留恋，那是不可能抹煞的！"、"不管现在怎么了，都不能否定过去的一切！"、"本来好棒哦！本来一定会成功的，只可惜……"、"现在的不好，并不能否定以前的好！"、"这是一路辛苦过来的，不能因为现在出了错，就否定一路上的辛苦与努力"、"现在虽然这样，可是你以前的好，我们都知道；以前你付出的努力，我们也都很肯定。"

以上每一句话，都是心理创伤重建第二阶段的咨询语言。这些魔咒般的咨询语言，都是案主刻骨铭心的心声。出事之后，当事人就企图否定过去来解释现在，或指陈对方的错来让自己释怀。可是，往事历历是如此美好，否定过去的种种关连，否定了对方，不就否定了自己吗？他原本就为此而左右为难，第二记巴掌打下去，他就趴在地上动弹不得了。他最希望的，就是别人来"肯定他过去的连带关系，肯定他的过去，肯定过去的他"；这样子，他才能"接受"他的过去，肯定过去的美好。尤其是，肯定他自己。只有真的接受与肯定过去的连带关系，才能真正地接受 Here &Now 负向的自我状态。当事人才会愿意把抱在胸前的巨石，轻轻地放在脚下。

（三）C 阶段：CO 必须协助 Cl 肯定 Here &Now 负向自我状态的价值

菜市仔咨询员"开市"三绝招，第三记巴掌就是否定当事人 Here &Now 负向的自我状态的价值。这巴掌一打，当事人就躺在地上滚了。"哭有什么用呢？气有什么用呢？哭死、气死难道就可以挽救这一切吗？"、"哭、气，就可以改变这一切吗？"、"再这样下去，你真的就玩完了，你到底……"、"干嘛让自己变成这样呢？你只是在找自己麻烦吧！"、"如果这样就有效，天底下就没有新鲜事了？"、"其实你也知道，这样子是没有用、没有意义的、没有价值的！"、"哭死了，也没人会可怜你，你何必作贱自己呢？"、"你真的不知道，你是在伤害你自己！"、"你需要这样吗？这样子有价值吗？理性一点，好不好？"。

以上的每一句话，句句都在否定当事人负向自我状态的价值。每一句话都像一把尖枪，深深刺进当事人的心里，让他愈来愈没有能力，没有能力控制或结束自己的创伤反应历程。遭受重大创伤事件的人，若无法接受自己创伤后负向的自我状态，就无法肯定过去的连带关系。否定了过去的连带关系，就更无法肯定 Here &Now 负向自我状态的价值。不能肯定 Here &Now 负向的自我状态的价值，就没有能力与动力去抉择下一个 Here &Now 的自我状态。就没有抉择，就没有改变的行动，就继续"卡"在 A、B、C 的某一个阶段里而不可自拔。

"看你气成这样子，就知道这件事对你有多重要！"、"看你哭成这样，就可以体会你对他用情多深！"、"看你被折磨成这样，任何人都会心疼，都会知道你情深意重！"、"天啊！要有多深挚的感情，才会把一个人折腾得像你一样呢？"、"看你这样子，就了解你的付出，你的坚持，还有你现在的不舍！"、"你这样子做，是为了再给别人机会、是为了……"、你可以不必这样子的，你坚持要这样，当然是用心良苦，你好伟大哦！"、"只有你这么坚强大智能的人，才能挨过这种日子吧！"

以上的每一句话，都是心理创伤重建第三阶段的咨询语言。案主 Here &Now 负向自我状态的价值，关连肯定之后，他才真正的经验——完完全全被同理的感觉。他才真正的相信自己，不管自己现在多糟糕，自己还是一个有能力的人。他才能真正的肯定自己的过去，不因现在的不好而否定过去的好。他才能真正肯定自己的现在，就算好景不再、就算灰头土脸，自己也已经尽最大的努力，这已经是 Here &Now 的环境下，所能转换达到的最佳状态。他才能真正肯定自己的未来，不因为现在的不好，而断然否定未必一定很差。因为他知道，现在的"不好"，背后的"正向价值"是什么。

人，不是被困在过去，就是困于现在，或者困在未来。以任一时相的"×我"，来否定自我的价值，或否定其他时相之"○我"，或印证其他时相之"×我"，这是人类生活在过去、现在、未来三时相中，非常容易罹患的心头大病。金刚经中"过去心不可得，现在心不可得，未来心不可得"的生命智慧，只停留在宗教与哲学思维的领域。数千年来一直未能落实于文化中，成为"不知"就"能行"的生活习性的一个部分，或在家庭与学校教育中轻易可以"学而知之"。且"知而行之"的一个部分。心理创伤重建 ABC 三阶段的咨询语言，正是补足人类文明中这个缺口。只有接收到这些咨询语言之后，当事人才会抬起脚轻轻跨过地上的巨石，继续其生涯发展的旅程。否则他会驻足不动，死死盯住地上的巨石。或者把巨石紧抱在胸前，绝不松手。或者高举巨石过顶，全身颤抖痉挛也不肯放下。

（四）D～F 阶段

从协助当事人"开始"去"抉择"下一个当下（在此之后）的自我状态，并激励其行动的决心，次而释放于其改变的能力与动力，进而协助其建立"新的"六大连带关系。这三个阶段所操作之咨询技术较为复杂，将另于"非事件动机咨询与治疗技术"专著详述，或请参考九大学派相关技术。

不过，不管你选用哪一学派的技术，只要能扣紧 A→B→C→D→E→F，这六个阶段的主题与程序，就能有效地完成心理创伤的治疗历程。心理创伤重建模型的价值，就在于咨询历程获得一个可资操作的参考架构。又因为这个参考架构，不是以自我重建为思考模型，而是以"助人 V.S. 自助"的互动关系为操作模型，所以在实务上极具其便利性。

这个模型最重要的实用价值，在于 ABC 三个阶段。就九大学派而言，不论哪一个心理咨询或治疗学派，技术都集中在 D、E、F 三个阶段，而甚少着墨于 A、B、C 三个阶段。所以，往往在咨询前期，就三巴掌打死案主，无法建立有效的咨询或治疗性关系，所以什么技术都使不上力。故本 PART 中详述"非事件动机咨询与治疗技术"的观点，如何操作这三个阶段的咨询语言，供大家参考使用，并请先赐予斧正。

二、自杀（未遂）个案治疗性会谈模型

这个模型包括五大操作阶段，涉及咨询与心理治疗许多专业技术。因为自杀未遂者已切断与任何人的关系（除了为之而死的那重要他人以外），他没有求生意识、更没有求助的强烈动机。所以本模型的前三个阶段，都在弥补这些缺口，然后才进入第四、第五阶段的治疗程序。因此，第一阶段必须采用"被动咨询模式"，不是一开讲就忙着建构"治疗性关系"。第二阶段才去建构治疗性关系，第三阶段则采用五大同步同理心的技术，全力让当事人感受到完全被同理的感觉。前面三个阶段没做好，自杀未遂的案主根本就"不理你"，什么咨询与心理治疗都是胡扯。

阶段	目标	作业项目		说明
一	一般关系之建立（新的、信任的连带关系之建立）	陪伴→不要抱怨，不要质问	陪	生活起居之陪伴→不厌烦
		生活照顾→不要劝善，不要规过	听	当事人主动诉说→不插嘴→不问话
		和颜悦色→不要表求	说	当事人长时间不说话→不问原因→生活杂谈（重新挂上六大连带）→增加互动量
		温言软语→不要责骂		
二	治疗关系之建立	过去→六大连带关系已破灭之见证　→表出模型之抉择见证	见证	已经发生（过了）／自己也不喜欢的行为／必然的不得不的抉择
		现在　→负向自我状态的觉察　→负向态度的觉察　→企求脱离过去经验的引发与现在自我状态困扰之动机意念的抉择与抉择　→新的治疗连带关系的抉择	觉察	过去之抉择，对现在之自我状态的影响／现在之自我状态的不觉察或不改变，造成之自我状态的负向循环，又造成未来自我预言的应验
			抉择	解脱现在困局的抉择／治疗性连带关系的抉择
三	同步、同理心	CI陈述　→事、境、理、人（别人、自己）关系、抉择	五大阶段（效标）	1. 我的事件→充分表出→我真心聆听→同步表出　2. 我的情绪→充分宣泄→我帮忙释放→全部承受　3. 我的动机→被了解→我充分了解→绝对相信　4. 我的行为（反应）→被允许→我允许认同→绝对肯定　5. 不幸的我（人）→被接受→我完全接受→价值见证
		CO回应　→建立"CI-CO-世界"新的连带关系　→协助CI发展求助动机并抉择求助目标	基本技巧	语助词的治疗语言／连接词的治疗语言／结构性治疗语言

（续表）

阶段	目标	作业项目	说明	
四	封印旧我创建新我	不要响应右列六段式负向循环语言	为什么我还活着？ 为什么我必须继续活着？ 我不要活了 我活得很痛苦 我的人生 not ok 我 not ok	摛彩箱（我）与彩球（我的人生） 丢球→别人丢入的黑球不会消失 丢球→自己也丢入黑球更可怕 丢球→自己可以丢大量红球，让黑球出现的几率变小 换箱→球已满，则封印旧箱，换新箱
		肯定过去带关系之经验价值（重建自我观）	当事人于事发前、中、后所有的反应、抉择、行为，想法与现在的态度→都是合理的、正常的、重要的→都是有价值的 抉择（自伤）的勇气，自伤行为的目标、后效→与新的附加价值	（x）重建自我 　　→修补过去创伤 （o）重建自我 　　→发展新的我与我的人生（六大连带关系）
		封印的程序与新生的力量	过去挫败、虚无与绝望的我与我的人生（包括：境、事、理、人） →接受（已成为事实） →原谅（自己无力回天） →不甘心——封印的动力（肇因与罪人）	（x）不甘心 　　→伤心 　　→怨天尤人 　　→自怜 　　→痛苦 　　→恨天怨人

（续表）

阶段	目标	作业项目	说明
四	封印旧我创建新我	封印的程序与新生的力量 →封印（在此之前的一切）→不甘心——抉择的动力与勇气 →抉择（此时此地） →不甘心——执行的能力与与承担的勇气 →新生（在此之后的一切）	→抗拒别人或这个世界 →生气自己 →抗拒自我或我的人生 →放弃自己 →伤害自己（别人） （o）不甘心 →过去的我与我的人生 not ok →不甘心→抉择→封印在此之前的我与我的人生与创在此之后的我与我的人生
五	发展新我与其六大连带关系	价值工程 新关系→新的支持系统→新的价值→新的可能性→新的抉择→新的改变→新的我→新的我人生 新旧价值定位与排序 动机管理（切断负向 CRn（s）） →动机意念之主题分配与时间分配 →高价值"动机-行为-情绪"之主动创造与维护	→离苦得乐 （x）→旧的不去新的不来 （o）苦中作乐 →新的不来旧的不去 价值的抉择与定位 一相同或不同标的物（人）在幸福盘与痛苦盘之比较分析 一个自我发展之能力与动力的源头 （x）EQ- 情绪智商 （x）EM- 情绪管理 →如何抒解或发泄情绪

（续表）

阶段	目标	作业项目	说明
五	发展新自我与其六大连带关系	价值工程	→低价值"动机-行为-情绪"之主动切除与封印 （o）MQ- 动机咨商 （o）MM- 动机管理 　→用动机意念"来""改变"自己的情绪与自我状态
		自我管理	协助处理各项善后事情，订定事件处理程序 生涯规划作业 订定生活计划表 主动管理建新的六大连带关系 六大连带关系的权数 　→不同的生涯发展阶段，六种连带关系有不同的重要性，且会有所变化 协助再进入职场、学校、家庭、院所……等重新开启新的生涯 家族治疗 　→调适家庭角色行为与关系 　→解除家庭人际冲突状态 　→提供保护环境让当事人可以安全停止痛或自在的发展新的自我与人生 　→建立以家人为核心的新六大连带关系

第四节　死亡咨询：死亡创伤的心理治疗技术

当个体自己或家人直接或间接面对死亡创伤之后，会在生理、心理、精神或行为四个层面，出现各种不同组合的创伤反应。以下谨就"非事件动机咨询与治疗技术"观点，提供 12 种心理调适的治疗技术。虽以死亡"咨询"统称这些技术，其实已执行心理治疗的历程。但死亡创伤事件所造成的死亡创伤反应，却从心理咨询延续发展至心理治疗的历程，故以"死亡咨询"名之。

一、两种死亡咨询类别

（一）以亲人死亡的当事人为对象之死亡咨询

重大灾变造成众多亲人同时死亡，六大连带关系被同步切断，个体之本体论的关连，"人－家－世界"模式的中介团体瓦解，人与世界截然割离，绝对的孤独感，以及价值系统与生活场的瓦解，令其无以自处。所以，依当事人个别主体性的需求与条件而重建六大连带关系，且在重建过程中切除 CRn（s）的表出模型，正是咨询重心之所在。

（二）以灾难救援人员为当事人死亡的咨询

1. 当事人的特征

（1）影像残留：大量血腥倾圮画面之影像，重复或强迫性出现在脑海中。

（2）认知残留：对于生命的价值与存在的保证，发生强烈的认知冲突，这种冲突让当事人觉得生命连带被切除。

（3）情绪残留：惊吓、恐慌、畏惧、疑惑、犹豫、失落、无助、暴躁、愤怒、痛苦、哀伤、沮丧、冷漠、忧郁等情绪对象性或非对象性的呈现，以及主体性或强迫性的呈现。

（4）动机与身心症状的发展：事件发生之时及之初的三种残留经验，造成当事人 Here&Now 之动机有不良的发展，甚或导致身心症状的出现。动机的发展包括：无动机状态的存有，自我毁灭动机的出现，玉石俱焚动机的出现，退缩无为动机的出现，躁进妄为动机的出现，随波逐流游戏人生之动机的出现等。

2. 咨询策略

咨询的重心不在于六大连带关系创伤指数的诊断与重建，而在于表出模型 CRn（s）的确认。且不论当事人自识之 CRn（s）为何，都必须先采用适当之治疗法，处理"影像、认知与情绪三大残留"，再对动机之负向发展与心身症状进行诊疗。

二、十二个死亡咨询程序

引导当事人执行下列 12 个程序，并协助当事人主体性的在各个程序内，进行觉察与表出的探索：

（1）协助当事人陈述事件及残留之影像音声。

（2）协助当事人陈述事件对生活周遭其他事件的影响。

（3）协助当事人陈述事件对生活周遭其他人的影响。

（4）协助当事人陈述事件造成之个体状态（动机、情绪、身体、行为、精神、生涯………）。

（5）协助当事人确认心理危机等级。

（6）协助当事人确认六大连带关系之创伤指数。

（7）协助当事人确认其问题意识及排序。

（8）协助当事人确认表出模型。

（9）协助当事人执行决策调适治疗法。

（10）协助当事人运用各种调适治疗法执行 CRn（s）之切断、保留、调适或重建作业。

（11）协助当事人执行价值工程与动力系统重建（生活场之价值重建）。

（12）协助当事人结案或延续咨询。

三、十二种心理调适治疗法

（一）认知调适治疗法

案主把他人的死亡，当成自己的死亡，而切断自己与他人的连带关系时，称之为"替位性的死亡创伤"。案主把死者当成自己身边最重要的人，又把自己当成死者身边最重要的人，而引发的创伤性反应，称之为"首位型死亡创伤"。这两种死亡创伤，都源自认知失调，故应进行价值系统之重建。认知调适治疗法，以图示的方法来协助案主辨识与抉择（划 × 号），可避免价值观的空谈，而把事实以图像呈现在当事人眼前。

1. 以死者为中心的人际关系定位图（10大重要人物）

（1）空间定位

（2）重要性排序

（3）线段

（4）箭头

（5）切断—划 × ×

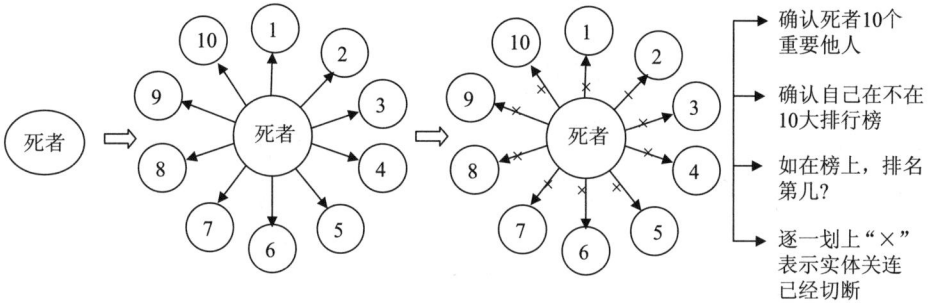

确认死者10个重要他人

确认自己在不在10大排行榜

如在榜上，排名第几？

逐一划上"×"表示实体关连已经切断

2. 以当事人为中心的人际关系定位图（10大重要人物）

（1）空间定位

（2）重要性排序

（3）线段

（4）箭头

（5）切断—划 × ×

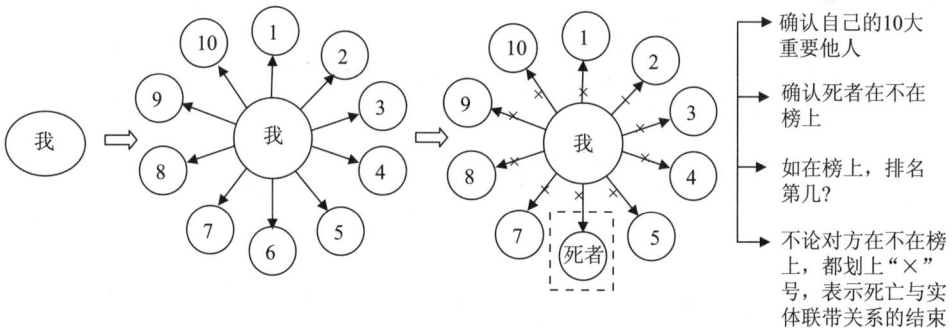

确认自己的10大重要他人

确认死者在不在榜上

如在榜上，排名第几？

不论对方在不在榜上，都划上"×"号，表示死亡与实体联带关系的结束

3. 抉择

（1）为了死者，而切断与其他人的连带

（2）为了死者，让自己陷入 CRn（s），而影响自己的生命与生活

113

（3）从死者观点做判断

（4）从其他人观点做判断

（5）从自己观点做判断

（6）虚线包框——过去美好回忆，在天国的支持与鼓励（参见上图）

（7）协助当事人完成自己 Life Logic →因为以前发生 A 事件，所以我会经历 B 状态，因为现在我希望进入或处于 C 状态，所以现在我必须进行 D 行动

（二）动机调适治疗法

当案主出现"以当事人为中心的非理性动机"或"以死者为中心的非理性动机"之时，助人者可轻易从他的语言中辨识与确认。这个时候要引用动机调适治疗法，先"接受"前述两种非理性动机，再导入"以当事人为中心的理性动机"及"以死者为中心的理性动机"。例如，助人者对案主说："你一定不甘心他死，对不对？！我们都知道，你最舍不得他死了，你舍不得他死，对不对？"。治疗程序及案主主述如下。

1. 以当事人中心的非理性动机

（1）我不甘心他死

（2）我不愿一个人活着

（3）我为什么还活着

2.　以死者为中心的非理性动机

（1）他死不甘心

（2）他要我也死

3.　以当事人为中心的理性动机

（1）我不舍得他死

（2）我该如何让他死而瞑目

4.　以死者为中心的理性动机

（1）选择适当仪式，让死者放心，及早超生

（2）死者希望……，不希望我……

（三）情绪调适治疗法

当案主处于情绪极度压抑或失控状况下，就可引用情绪调适治疗法。

1．确认情绪表出模型

2．陪同进入情绪（第一人称技巧）与情绪之完全倾泄（第三人称技巧）

3．情绪释放活动或仪式（个别或小团体或大团体）

4．身——心回馈之释放技巧

5．快乐箱与痛苦箱之制作（Key-men，Key-event，Key-thought，Key-time，Key-place，Key-anything）：准备 2 个小箱（盒）子，1 个贴上"快乐箱"标签，1 个贴上"痛苦箱"标签。平日里遇到任何快乐

或痛苦的人、事、物，就用各种可能的记录形式，分别丢入快乐箱或痛苦箱中。自我治疗程序为：

（1）写下现在的痛苦，丢入痛苦箱锁起来。

（2）打开快乐箱，逐一审视纪录着快乐的人、事、物。

6．Open Happy Box 之练习

7．练习主动调适情绪的方法

（1）主动觉知情绪

（2）主动抉择情绪

（3）执行情绪管理

A．负向情绪之调适与时间管理技术：时间管理技术，是指"定想"或"难过"或"高兴"的特定时间与时段，其他时间若出现正、负向情绪，都必须告诉自己："停，晚上8—9时才能想"。而晚上8—9时，就必须主动地、卖力地，进入正向或负向情绪。

B．负向情绪之调适与空间管理技术：空间管理技术则类似时间管理技术，只是把定时变成定点。

C．负向情绪之接受、承认，以及新的价值诠释。

（四）身体调适治疗法

案主处于创伤生理状态时，就可引用身体调适治疗法。各种身心症状，也以本法最具疗效。本治疗法的各种技术，不是直接要求案主操作，那是绝对无效的。先建立有效的助人关系，再帮案主建立认知上，对其病症、病因与相关身体调适技术的关连路径，本法的操作才会有

成效。

1．转介药物治疗：优先转介治疗或检验生理疾病

2．松弛训练：执行身心灵合一之"呼吸"训练模式

3．肢体艺术活动治疗模式：执行舞蹈治疗之训练与管理

4．运动心理治疗：执行以不同运动模式结合动机发展模式之治疗技巧，例如治疗忧郁症最具疗效的跳床疗法

5．美体计划：执行以增重或减重为目标的生活及饮食管理

6．生活计划管理表：执行规律化之作息管理

（五）行为调适治疗法

当案主出现严重偏差行为，或异常强迫性行为时，都适合引用本治疗法，包括孩子说谎、偷东西、打人、喧闹，大人情绪失控、恐慌、畏惧、强迫、妄想等症状，都以本治疗法最具疗效。

1．变项介入治疗模式：前、中、后变项之介入

2．S → R 路径替代管理治疗模式：S → R → R1 → R2 或 S → RA 路径的设定

3．游戏、健康、艺术、娱乐、休闲职能活动治疗模式

（六）原生事件调适治疗法

创伤事件和创伤反应（动机、情绪、行为、症状）会交错出现，多元性的交互影响，使得在时间序列上检视时，案主和助人者都会看到一大堆问题。有时候，甚至案主自以为的"焦点"也不见得正确，

更遑论助人者帮他捡选的焦点。本治疗法的奥妙，在找出"原生事件"。原生事件一消除，整个序列的 S—R 历程，所有并发的刺激和反应都会自动消除。

1. 从确认之 CRn（s）中，重新定义事件，或重新确认真正的事件为何，再建构事件处理程序。

2. 如何处置生活事件，才不会陷入 CRn（s）之中。

3. 陷入 CRn（s）之后，其中的事件该如何处置。

4. 确认原生事件为何？能不能解决？需不需要解决？确认采取旧事件解决模式，或采取新事件覆盖模式。协助当事人抉择事件序列之切入点与结束点。

5. 案例：儿媳与公婆冲突时，小叔屡次拿刀恐吓，气先生无能、怒自己害怕，气得牙痛请假不上班。

说明：如果我们先设定——冲突前的前置事件为 A，儿媳与公婆冲突事件为 B，小叔拿刀恐吓为 C，生气先生无能不愿出面相助为 D，恼怒自己如此害怕为 E，气得牙痛为 F，请假不上班为 G，担心常请假的后果为 H，心情郁闷痛苦为 I，想要离婚为 J，怕孩子没人照顾为 K，离婚会对不起孩子为 L，不能接受自己是个婚姻失败者为 M，晚上失眠为 N，看到公婆就焦虑为 O，看到小叔就恐慌为 P，想到自己就一直哭为 Q，担心自己得病为 R，不敢让娘家父母担心为 S，恨死自己当初为什会嫁给他为 T，整天胡思乱想什么事都不想做为 T，看到这个家就会害怕想走为 U，恨自己不敢走为 V，想买把刀子改天和小叔互砍，不再让他欺负为 W，想自杀为 X，想连孩子一起杀了为 Y，想放火烧死全家为 Z。

　　问题：请问临床心理师处理哪一个问题？ A～Z 或哪几个问题？

　　答案：2265868863@qq.com， e 你的答案给我，我就 e 我的答案给你。

（七）决策调适治疗法

　　当案主左右为难、犹豫不决、反反复复、决而不行之时，尤其耗用大量时间在思考，或四处询问叙说时，就可引用本治疗法。

　　1. 协助当事人"主动觉知 Here&Now 的自我状态"，了解其 CRn（s）为何？ 并以语言或文字或其他方式表出。从不知觉→知觉，从存有→存在。

　　2. 协助当事人"主动抉择 Here&Now 的自我状态"，包括 CRn（s）的调适与切除，时间性与空间性，对象性与身心症状，强迫性与非强迫性等。从不抉择→抉择。从不舍→不，舍。接受不舍，接受被舍，接受不要，接受被不要。

　　3. 协助当事人"主动承担 Here&Now 自我状态的影响"，包括正向的影响与负向的影响，都是他抉择所以他必须承担，他可以以之为苦，也可以以之为乐，可以苦中作乐甘之如饴，也可以不苦不乐、淡泊如一。从不承担→承担。从不甘→甘。承担自己的不得不，也承担别人的不得不。

　　4. 协助当事人了解，就算是面对长期或强迫性的 CRn（s）表出形态，当事人仍然可以抉择。当事人可以在内心抉择拒绝、否定的态度，及不甘、不愿、不得不的、附加性情绪性行为反应，当然这与不抉择而任 CRn（s）强迫性摧残，而引以为苦一样，都是不良的策略。最好的策略是，抉择接受与承认，视其为个体自救的暂时性反应，再辅以顺向调适治疗法。

（八）顺向调适治疗法

当案主过度思考、或长时间卡在无效的内省之中，适用以下两种顺向表出技术。若案主已经四处找人讲、讲个不停、一直打电话、打个不停之时，则适用自我顺向表出技术。

1. 他人顺向表出技术：协助案主针对以下两种对象，在征得对方同意下，进行多次且大量之表出。

（1）对重要他人之大量表出

（2）对众人（人愈多愈好）之多次大量表出

2. 自我顺向表出技术：协助案主运用以下各种表出的方式，把个体之内的"思想"，转化成可观察与记录的形式。再把自己"独立"于这些形式的记录之外，进而观看或聆听——在此之前的自我状态，并重复进行多次这种"客体化"的过程，直到自己（或案主）自觉无趣而停止。治疗师通常会设定并调整循环的次数。

（1）对着镜子讲给自己听

（2）用文字记录内容、影像与声音

（3）用录音机录下自我描述或悲伤、或生气或谩骂、或碎碎念的语言，重听，重录，再听，再录

（4）用数码相机或摄影机自拍，看，自拍，看

（5）用其他艺术形态进行记录，例如唱歌、跳舞、绘画、雕刻……

（九）团体调适治疗法

学校或机构中，发生死亡创伤事件时，不同创伤心理等级之直接或间接受害者人数众多，且又必须于第一时间给予适度心理治疗，即可引用团体调适治疗法，形式包括班级团体治疗、年级团体治疗、全校团体治疗、目击者团体治疗、亲密友伴团体治疗等。

1．同质团体：由相同创伤事件经验或相同创伤反应的人，组成之治疗团体，人数可由 2～3 至 2～300 人。

2．异质团体：由不同创伤事件经验或不同创伤反应的人，组成之治疗团体，人数可由 2～3 至 2～300 人。

3．家族团体：由原生家庭的家人或相关之亲戚，所组成之治疗团体，不限人数。

（十）时间调适治疗法

本法适用于改变表出模型的治疗情境：

1．如果 CRn（s）表出的时间不长，次数不多。当事人必须抉择要切断或保留或减少 n 之种类，或减少表出之时间与次数，或重建表出之时空定位，或增长时间、加多次数（用以完全倾泄）等调适作业。

2．如果 CRn（s）表出的时间较长，次数也较多，当事人必须抉择对其自我与生活发展的影响度。当别人或自己引以为苦的时候，当

择对其自我与生活发展的影响度。当别人或自己引以为苦的时候，当事人就必须进行上述的调适性行为。如果挫折与压力极为巨大与持久，必须在生活上有一个常态表出的窗口，则必须主动去重建一个新的 CRn（s），而这个 CRn（s）可以替代常态的表出，但对自我和生活发展的杀伤力则可望降至最低者。选择适当表出时段，也是很有效地调适行为。

3. 定时打开 Happy Box

时间调适治疗法的运作，是协助当事人有意识地管理自己的时间，主体性的以个体现在和未来之最大利益为取向，来抉择 CRn（s）表出之时间的长短，时段与次数。尤其是主动把时间的内容，以某些正向态度来更替与补充，主体性地选择某些时段打开 Happy Box，虽然某些时段还是处于 CRn（s）之中。

（十一）精神调适治疗法

强烈的认知冲突，冲击力可能超越心理、生理与精神调适能力的阈值。所以在心理和生理所引发的关连反应，会让当事人的精神层面崩溃，失去对整个人（生理与心理，接受并给予反应）的控制能力。个体对自体（心理或生理）进行主体性的管控能力，可称之为精神力。若精神力强，主体性与控制性佳；若精神力低或崩溃，则强迫性出现，自我控制能力降低或瓦解。

1. 主体性或控制性较差与半强迫性行为

（1）协助当事人选择熟悉的环境居住，或迅速熟悉居住环境的人、事、物，让生活环境是不变的、可预测的。协助当事人订立生活计划表，让生活作息是规律的可预测的。

（2）主动抉择与规划，正向态度（动机、情绪、行为）的大量导入，协助当事人创造大量正向生活经验。

（3）半强迫性行为出现时，勿逃避反抗，采取"老朋友，你来了！"心态迎接，接受与承认 Here&Now 的 CRn（s）是真实的，是必然的，是不可割除的，是自我存在暂时性的一种表出方式，绝对不可以拒绝或否认。布置安全的环境或要求亲友陪伴，是可行良策。

2. 强迫性行为

（1）协助当事人判断强迫性行为出现的时间与次数，加强其他时间与时段，导入大量正向态度与经验。

（2）协助当事人安排可控制环境与规律作息，并尽量减少刺激因子出现的机会。

（3）强迫性行为出现前、中、后，都可导入运动心理治疗技术，切断或改变强迫性行为及其后效。

（4）协助当事人判断强迫性行为出现时，对个人或他人之危险性若极高，则应安排生活陪伴人员，或紧急呼救按钮，或至精神科就医。

（十二）身心症状调适治疗法

1. 对象性之身心症状

身心症状出现时，代表心理因子转化为生理因子，而且二者并存。

当对象性之 CRn（s）一出现，身心症状随之而来之后，当事人应立即自我告知"某某生理症状"出现了，切断对象性的 CRn（s），而焦注于生理症状之医学治疗。例如：当事人一想起 A 事件，头就疼痛。所以头痛时，当事人不要一直告诉自己或别人"我只要想起 A 事件，头就痛，像现在这样"、"我也不想这样，可是自动会想到 A 事件，头就一直痛呵！"。这种自我觉知与心理历程，会持续增强身心历程的链接。当事人应告诉自己"我头好痛"、"我要吃药"，立即寻求医学治疗，并改变环境插入其他事件或生活刺激物，主动导入正向态度之生活事件。或由临床心理师，导入各种身心症状治疗之心理治疗技术。

2. 非对象性之身心症状

身心症状多次或强烈表出之后，若与特定的 CRn（s）脱离，而独立以生理症状呈现时，会以非主体性、非控制性之强烈性行为表出。若表出之时间短破坏性不强，则以"对象性身心症状"之模式处理。若表出之时间长且破坏性强，则应至精神科经药物控制症状后，再以"对象性身心症状"模式处理。"强迫迁移"也是调适方法之一，亦即只要自觉症状出现，就要求自己选择某特定 CRn（s）来思考，由"生理因子＋心理因子"进行反链接作业。强迫自己把非对象性身心症状，迁移至对象性身心症状。

PART 4

自杀（未遂）者家属心理创伤与处遇技术

自杀（未遂）事件，会造成家庭重大危机，伴随着二次自杀的高度可能性，整个家庭的成员都会陷入重大的心理创伤之中。所以自杀未遂者应接受专业机构之心理咨询或心理治疗，家属则应接受"家庭生命危机管理教育"。否则家属与自杀未遂者不良的互动，可能造成家人遭受重大创伤，自杀未遂者二次自杀，以及家庭破碎的危机。

第一节　自杀（未遂）者家属心理创伤发展历程

不论是自杀未遂者或是家属，都已遭受重大的心理创伤。承受多元之重大创伤后，各种负向情绪会以复合的方式呈现（如伤心、害怕、空虚、恐惧、焦虑、冷漠、愤怒、罪恶等）。其习惯性之身心反应模式，可能会扩大为身心症状，而呈现对象性或非对象性之生理症状（如失眠、昏眩、心悸、发抖、心神不宁、肌肉疼痛、胃痛、腹泻……等）。所以，自杀未遂者与家人，都可能出现以上之状况，而不只限于自杀未遂者。自杀者及自杀未遂者家属的创伤反应，可以区分为五个阶段，如下文"自杀（未遂者）家属心理创伤发展模型"。这五种序阶性的反应，几乎是必然的历程。但家属自我觉察其创伤反应时，往往会出现自责或责备其他家人的行为，而造成二次创伤。家中有人自杀身亡，引起家人相继自杀死亡的大量研究，更让我们必须正视家属如何自助与求助的问题。

一、自杀（未遂）者家属心理创伤发展模型

	自杀（未遂）事件发生

not ok | ok

阶段	表出主题	心情意念	自我语言
A 否认期	这怎么可能？	为什么？这怎么可能？伴随着惊吓、慌张、失落、无助的感觉，无法接受Here And Now事实，不敢也不愿相信这是真的，企图有一点转机。	他不可能自杀？他不应该自杀？他怎么可以自杀？他没死！没有伤害过自己！他没事这件事没发生（动机性遗忘或搁置）！

not ok | ok

阶段	表出主题	心情意念	自我语言
B 自怜期	怎么会是我？	伴随着无辜、无奈、被欺侮、被迫害。身不由己、无力回天的感觉，质疑自己的不幸命运与罪孽。	为什么他要自杀？为什么他一定要这么做？到底是什么事让他活不下去？到底是谁害他非死不可？一定有原因、一定有人害他的。

not ok | ok

阶段	表出主题	心情意念	自我语言
C 羔羊期	为什么？谁害的？	企图找到合理的答案或凶手？伴随着愤怒、疑惑、报复、猜测的念头，寻找合理化的因果关联，企图寻我可以承担恶果的人或事或理或境。	为什么他要这样子对我？为什么他不告诉我？为什么她选择离开我？为什么我帮不了他？是不是我的错？我有罪吗？

not ok | ok

阶段	表出主题	心情意念	自我语言
D 求助期	为什么？谁害的？	伴随着无依无靠、无力无助、无计可施、无所是从、不知所措、求助无门与伤心自怜的感觉，质疑自己所选所做的一切？	我不知道该怎样子活下去？我不知道怎么回答别人的关心疑问和异样的眼光？我不知道他什么时候还会自杀？我不知道我该怎么做？才能帮助他、保护他、不刺激他。为什么我怎么做他都还要自杀？为什么没人帮我？

not ok | not ok | ok

阶段	表出主题	心情意念	自我语言
E 创伤期	我也活不下去了？	伴随着无辜受害、被牵连、被影响、被控制；且又心灰意冷的感觉，质疑自己存在的价值。	1. 我也撑不下去了？ 2. 为什么须这么难过？ 3. 为什么我必须承受这些痛苦？ 4. 我好怕，我每天提心吊胆，为什么变成我的错，我的责任？ 5. 为什么全家人都神经兮兮？我们真的比他还痛苦！ 6. 我的人生不是这样，我也不想活了！

not ok | not ok

	自我治疗或寻求专业心理治疗

not ok | ok

	家庭生涯正常发展

二、运用与说明

"创伤事件"的五阶段反应期，套入自杀（未遂）者家属身上，就发展出本操作模型。A阶段就是否认期，B阶段就是自怜期，C阶段就是羔羊期，D阶段就是求助期，E阶段就是创伤期。每一阶段除了"表出主题"外，又详述各阶段的"心情意念"及"自我语言"。助人者只要聆听当事人的语言，就可以判断创伤发展的阶段，及当事人的心情意念为何？

临床心理师操作本模型时，先协助当事人了解他或其他家人，正发展哪一期的创伤反应。次而了解整个创伤发展历程为何？且这些反应都是合理的、正常的、阶段性的，不必为了那些自我语言的害怕、内疚，不必为了那些心情而焦躁与痛苦。进而让每个人对每个家人或自己，都有同理心与同情心，并催化当事人或其他家人进入求助期。再后提供适当的援助，结束创伤反应历程。若案主或家人已迈入创伤期，更应积极导入心理治疗作业，否则将引起更大规模的家庭生命危机。

第二节　自杀（未遂）者家属生命
危机管理教育

事情已经发生，或许"他"已经走了，或许"他"还和我们在一起，或许"他"还是封锁住自己，或许"他"好像没事儿人般；可是我们——全家人的心却仍吊挂在半空中，我们无法理解"他"为什么会这样？"我"

怎么会变成这样？日子还有这个家怎么会变成这样？部分家人说：我还是没办法相信，我还是不能接受，我没办法忘了他，我想他，我一想他就一直哭，我没有办法把这份感情升华。部分家人却只留一副冷漠，好像事情过了就算了；家人间的对话与互动变少了，家人间的冲突和责骂却变多了。如果府上有以上的情形出现，你的家→生病了→危机出现了→请赶快挺身而出，学习"家庭生命危机管理教育"。

一、家庭生命危机管理教育的内容

（一）	什么是自杀？
（二）	当事人为什么要自杀？
（三）	自杀（未遂）的心理历程？
（四）	家属如何帮助自己？
（五）	家属如何帮助自杀未遂者？
（六）	我可以向哪些机构求助？

前三项都罗列于前文，但对遗族与家属而言，却是一个碰不得的烂问题。因为，第一：没有解答，而且死无对证，怎么猜都怎么可能。第二：愈挖愈错愈难堪，愈不给自己面子。不管当事人为什么要自杀，不管他心里打什么主意？摆在家人面前的就是事实——全家人在他心里毫无份量可言。尤其是面对自杀未遂者，双方真是——不知如何以对呀！一个要狠狠地想着"你心里根本就没有我"，另一个冷冷地看着自己说"谁都没有用"。

二、家属如何帮助自己

家属心中有两个很大的疙瘩，第一个是"他为什么要自杀？"，第二个是"我该怎么和他相处？"第一个问题引发无止境的猜测，第二个问题引发生活上的不知所措。所以，以下"正确的归因"与"生活调适的原则"，是家属一定要重新调整的认知内容。

（一）正确的归因

（1）他会自杀，是因为心理生病了，不是谁害的。

（2）当事人病发而自杀，不是谁的错，也不是谁有罪。

（3）如果他再次自杀，是因为他不愿或没有接受完善的治疗，而不是家人的过错或罪孽。

（二）生活调适的原则

（1）守护着自杀未遂者，并不是以他为生活的重心，也不是把生活中所有的不如意都推责于他身上，而是更努力创造一个生命力充沛的好榜样与保护性的家庭环境。

（2）悼念自杀者，重点在于妥善安排后事，令其入土为安。并且以对他的思念，来启动两人生涯目标与价值的融合，而产生"为我→为他→为我们而活"的新动力与新的生涯规划。

（3）面对自己的创伤，主动执行自我治疗的行为，或主动向专业机构求助。

（4）接受成长课程、家庭危机管理课程与小团体验，学习如何帮助自杀未遂者或家人或自己的方法，创造与维持健康的自我与家庭。

三、家属如何帮助自杀未遂者

自杀未遂者获救返家后，面临一个非常尴尬的问题，就是天大的秘密被揭穿了——不管你们对我多好，多在乎我、多重视我，我完全不在乎家里任何人。所以回家后，他当然要闷在房间里，当然尽量不饿、不渴、不吃、不喝，当然深居简出，当然不闻不问、不动不语，当然不会一起看电视、不会一起出游。

（一）当事人的需求

家属必须了解当事人的心境与需求，才能给予适当的照顾以及有效关怀与协助。知道为什么家属必须这么做，行事才不会自觉无趣或不情不愿。想自杀或自杀未遂者，都会有下列需求，且以"暗示—明讲—不讲"三阶段表出……

（1）孤单寂寞——想要有人陪伴在身边。

（2）伤心难过——需要有人说好话给欢颜。

（3）无助无力——想要有人支持他、给他依靠给他承诺。

（4）懊恼愤怒——想要有人同情，有人接受，充分表达懊恼与愤怒，并能得到适当的发泄与纾解。

（二）临床心理师采用之新连带关系的建立

　　家属必须明白地告诉自己——这个家，所有的家人，在当事人心里一点地位都没有。他和我们的"家庭角色关系"已经切断。所以，不要再把他当"父母"或"配偶"或"手足"或"子女"，而要把他当成陌生人——一个住在我们家养病的陌生人。我们在照顾他的过程中，正尝试着和他建立新的人际关系。用这态度来照顾与相处，就是对当事人最好的协助。

　　（1）自杀（未遂）个案治疗性会谈模型之第一阶段，摘列如下，这就是家属与当事人的相处技巧：

阶段	目标	作业项目		说明
一	一般关系之建立（新的、信任的连带关系之建立）	全时陪伴→不要抱怨不要质问	陪	生活起居之陪伴→不厌烦
		生活照顾→不要劝善不要规过	听	当事人主动诉说→不插嘴→不问话
		和颜悦色→不要哀求	说	当事人长时间不说话→不问原因—生活杂谈→增加互动量（重新挂上六大连带，尤其是生活连带）
		温言软语→不要责骂		

　　（2）千万别想去了解他、分析他，劝他、教他，说服他、辅导他，治疗他、改变他。家属只要提供上列援助，即可建构一个保护性的家庭环境。保护性的家庭环境，可以在当事人心中重构一个保护性的心理环境，让他得以重新建构新的六大连带关系，这才是自杀未遂者最需要的。

（3）特别要注意的是以下六大禁忌：

①不要劝善：欲说人生有多美好。

②不要规过：要求别再做错事。

③不要哀求：责怪你让（害）我伤心哭泣、生病。

④不要责骂：生气辱骂责备当事人。

⑤不要抱怨：责怪你引起大家生活的不便与困扰。

⑥不要质问：逼问事件发生的原委。

（三）引导接受专业心理治疗

家属若能提供以上的保护性措施，当事人才会在安全与信任的基础上，释放出改变生命的意念与求助动机。这时候当事人才会开口求助，或接受家属提议——尝试以电话、书信求助，或接受专业心理治疗、或参加支持性治疗团体。

（四）心理与药物治疗

急迫性危机的个案，应送精神科医师投入药物治疗，强制剥夺自杀行为。次由临床心理师主导，展开治疗作业。已经有自杀动机或意念、或行为或自杀未遂者，一定要接受专业心理治疗，否则还会出现二次自杀的行为。

四、求助的机构

各大医学中心或地区医院，大都设有精神科与心理科，这是最上选的资源机构。如果有躁症或自我伤害的现象，请立即至精神科接受药物治疗。若无，则尽快至心理科，接受心理治疗。相关情况咨询，可向希望热线 4001619995 求助。

第三节　自杀（未遂）者家庭访视技巧

　　怎么进门？进了门要向家属说什么？我能给家属哪些帮助呢？如果见了自杀未遂者，我又该说些什么？我真的帮得了人家什么吗？不管是在医院还是在当事人家里？被动咨询模式的情境，让造访的咨询师、社工员或公卫护士，心怀畏惧、不安而不知如何定位自己。

一、访视者的自我定位

（一）我不是

　　（1）我不是代表某"机构"来"访视"的。

　　（2）我不是来帮忙或来"辅导"的。

　　（3）我不是来完成"工作"的。

（二）我是

　　（1）慰问者：担心的我。我是来表达"慰问"，尤其是我的"担心"。

（2）提醒者：诚恳的我。我是来"提醒"，还有哪些事必须注意。

（3）带信者：体贴的我。我带来有效的支持管道，这些都是你该得到的服务。

（4）解答者：关心的我。我来解答一些疑惑，或许可以减轻家属的一些压力，或者提供一些降低家庭危机的媒介。

（三）对自我的预言

（1）如果受访者态度不良，那是合理且可以原谅的。任何负向言行的冲撞，都不可信以为真而伤心自责。因为那一切，都只是对方自我防卫转机的表出。

（2）如果受访者态度良好，自己千万别自我膨胀成"援助者"，而要愈是谦卑愈是温柔，愈是心怀感动与感谢。

（四）对他人的预言

（1）受访者有权力拒访。

（2）受访者有理由表出非理性想法或行为。

（3）受访者若能礼遇访者，那么他一定是生命中的勇士，我必须为他喝采。

二、家属支持性会谈技巧

看到家属的第一眼、第一个表情、第一句话，就已展开"家属支持性会谈"。

（一）第一阶段——被动性咨询模型之一般人际关系的建立

1. 机构与自我介绍，表达自己热切的慰问之心

参考语句，双眼平视表情热心（不悲、不笑）地说：

（1）我是机构的△△（职称），我姓△名字是△△，朋友都叫我△△。

（2）我一接到消息就赶紧赶了过来。

（3）我想，家里出了事，家属们一定很为难！

（4）我心里很着急，我急着过来。没先打电话，真是抱歉！

2. 简介自己的任务与对家属的利益

参考语句，双眼发光，表情温和（不悲、不笑）地说：

（1）我来了解事情发生以后，家里有了什么变化？我有责任陪着大家共度难关。

（2）我还要提醒大家，还有哪些事可能会发生？怎么应对？

（3）我想我还可以解答一些心理上的疑惑，比如该如何与△△△（自杀未遂者）相处？如何让他接受心理治疗？家人如何互相支持？以及有哪些资源可以帮得上忙？

（4）我会给你一些数据，有一些课程可以去看看，也可以提供一些建议。许多和你同样遭遇的家属，他们须要学习如何共度难关，所以也有参加"家属支持性会心团体"的机会。

（二）第二阶段——心理支持之提供、引导求助动机与正向行为（信息）回馈

（1）回答问题、主动问话、提供信息，并以家属为对象，执行治疗性会谈模型同步同理心的五大阶段作业（PART 3 第三节）。

（2）交谈互动中，衡鉴家属（们）心理创伤种类、等级、五大序阶发展阶段，协助进入治疗性会谈模型之第一二阶段，并转介适当之专业心理治疗机构。

（三）第三阶段——自杀未遂者支持性会谈

若有机会接触到当事人，仍秉持上述第一阶段会谈技巧，以建立一般人际关系，并执行第二阶段的同步同理心五大效标。不要急着想帮助他，帮他解决问题，也不要急着"立刻"转介，留下资源团体卫教单张，留下好印象、好关系，建立预警与紧急求助管道最为重要。

（四）第四阶段——结束会谈完成第三关系之建立并留下卫教单张

1. 赞美对方的努力与成果，尤其是正向人格特质，以及对家庭的付出与不可替代的价值。

2. 感谢对方对第三者的接纳，并阐述赞扬第三种关系在对方未来家庭生涯中的角色与价值。

3. 留下卫教单张，包括：

（1）自杀未遂者如何帮助自己？

（2）自杀未遂者如何面对家人与朋友？

（3）自杀未遂者如何重新开启新的生活？

（4）家属如何追悼与怀念自杀者？

（5）家属如何面对自杀未遂者？如何提供保护性环境，避免二次自杀？

（6）家属如何解除自己的压力与创伤？

（7）家属如何互相支持，家人如何一起共度危机？

（8）自杀未遂者与家属，可以从哪些专业机构获得哪些援助？以及相关课程信息？

（9）访者名片与紧急联络电话。

PART 5

校园自杀与死亡创伤处遇技术及工作实录

第一节　小学教师自杀后——校园内自杀处遇流程与生命教育操作实录

一、前言

　　儿童及教师自杀案件频传，各个个案自杀原因大多查访无门。尤其追查案主自杀原因与历程，并无益于自杀防治的效能。然而，媒体对自杀方法、器具与现场之影像报道，活像"自杀教学"之负面教育，让看电视、看报纸的成人与儿童，都学会了自杀的方法，以及"当一个人……的时候，他可以用自杀来结束一切"的死亡方程式。自杀者是校内学生或学校教师时，"某某人死了，自杀了，用……方式自杀的，为了……而自杀"，等等流言，用各种不同的方式，绘声绘色地流窜在全校师生的耳朵、嘴巴与心灵之中。这些虚虚实实的猜测流言，对全校师生带来莫大的心理创伤。尤其是教师自杀，死者历年来教过的导师班，科任的班级学生，甚至从没教过的学生；以及亲近的老师，有过间隙的同仁，以及全校的老师，都引发了巨大的危机（林，2002）。

　　校园内自杀事件发生后，全校教师和学生的身、心、灵严重受到创伤影响。因此，本文针对某台湾地区国民小学教师自杀后，在校长的领导与辅导处和全校教师的协助下，展开了各阶段的校园内自杀后防治处遇历程，再加上生命教育操作实录的方式，以期提供各级学校在相类似的状况下，可以作为日后校园内自杀后处遇作为，以及校园死亡创伤的团体治疗的参考。

二、校园内教师自杀后工作模型（处遇流程）

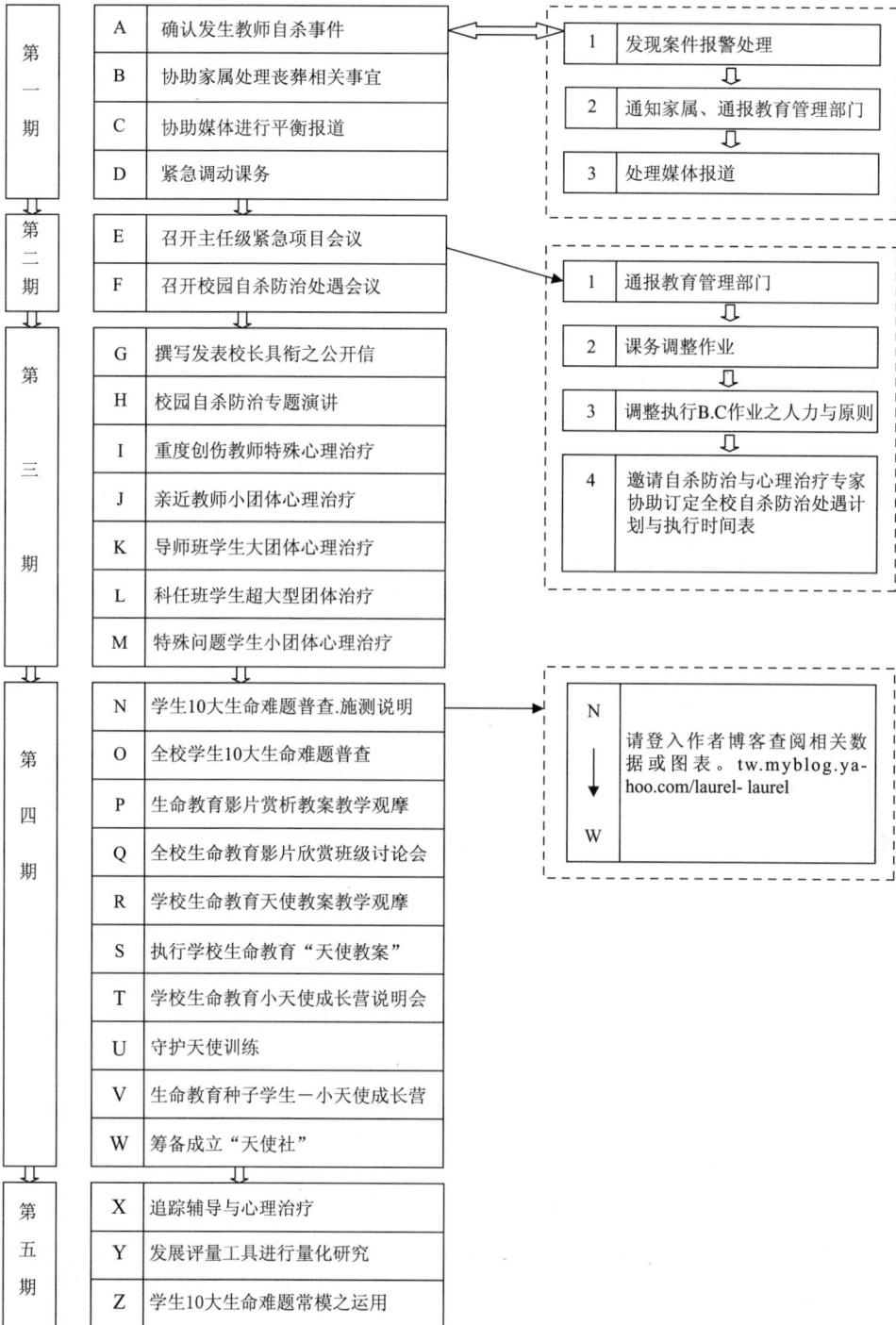

第一期	A	确认发生教师自杀事件
	B	协助家属处理丧葬相关事宜
	C	协助媒体进行平衡报道
	D	紧急调动课务

1	发现案件报警处理
2	通知家属、通报教育管理部门
3	处理媒体报道

第二期	E	召开主任级紧急项目会议
	F	召开校园自杀防治处遇会议

1	通报教育管理部门
2	课务调整作业
3	调整执行B.C作业之人力与原则
4	邀请自杀防治与心理治疗专家协助订定全校自杀防治处遇计划与执行时间表

第三期	G	撰写发表校长具衔之公开信
	H	校园自杀防治专题演讲
	I	重度创伤教师特殊心理治疗
	J	亲近教师小团体心理治疗
	K	导师班学生大团体心理治疗
	L	科任班学生超大型团体治疗
	M	特殊问题学生小团体心理治疗

第四期	N	学生10大生命难题普查.施测说明
	O	全校学生10大生命难题普查
	P	生命教育影片赏析教案教学观摩
	Q	全校生命教育影片欣赏班级讨论会
	R	学校生命教育天使教案教学观摩
	S	执行学校生命教育"天使教案"
	T	学校生命教育小天使成长营说明会
	U	守护天使训练
	V	生命教育种子学生—小天使成长营
	W	筹备成立"天使社"

N ↓ W	请登入作者博客查阅相关数据或图表。tw.myblog.ya-hoo.com/laurel- laurel

第五期	X	追踪辅导与心理治疗
	Y	发展评量工具进行量化研究
	Z	学生10大生命难题常模之运用

三、自杀后处遇流程之各期、各阶段工作说明

　　A～F七个阶段，是紧急行政处遇作业。第一期A～D，必须在案发当日完成。第二期：E～F，也必须在3～7日内完成。第三期：G～M七个阶段，是紧急心理治疗作业，应于30～45日内完成。第四期：N～W十个阶段，是全校师生生命教育训练作业，应于案发后二周或第三周起全学期实施。第五期：X～Z三个阶段，是追踪辅导研究检讨期，宜贯穿一至四期，并于本期末了进行结案作业。

（一）第一期"紧急应变期"：A～D四个阶段两大工作重点

　　本期有两大重点：第一是保护当事人、关系人及家属的隐私与权益；第二是协助媒体平衡报导。千万别误以"保护学校声誉"为最高指导原则，而对当事人、关系人、家属、媒体与全校师生，做出有损人权私德与公德之言行。面对媒体时尤应注意的是，只能提供有事实证据的信息；且必须设身处地假想自己为当事人或家属的立场，来决定提供信息的范围与深浅。最重要的是，如有提供任何负向信息，务必再提供等量或加倍之正面信息。有关自杀原因的推测，自杀方法的描述，血案现场人物器具的拍摄，都应尽量避免。因为这些题材的报道，将引发更多有自杀动机或意念的人，模仿学习而引发自杀行为。

（二）第二期"协商规划期"：E～F两个阶段三大工作重点

　　本期有三大重点：第一个重点是于第一时间据实通报教育管理部

门，请求给予指导，以及了解可扩大运用之资源。第二个重点是召开主任级紧急会议，提供统一的相关信息，共商后续各项处置的原则。一方面安定高阶主管的心，二方面藉由主任往下传递统一的相关信息，避免流言四窜于校园。第三个重点，则是邀请自杀防治与生命教育领域，理论与实务并重的专家，协助召开"校园自杀防治处遇会议"，听取专家规划之项目，研议定案后，照时间表共同执行。

（三）第三期"心理治疗期"：G ～ M 七个阶段三大工作重点

本期为心理治疗期：第一个重点在提供统一的案件信息与刺激反应模型，第二个重点在针对不同创伤等级教师之心理治疗，第三个重点在针对不同创伤等级学生之心理治疗。心理治疗的形式，从个别、小团体、大团体，以至超大型团体治疗。

1. G 阶段：校长公开函

公开函由校长具衔，委请专家执笔，宜尽早于全校早会上传达。并将信函交付各个学生手上，带回家给家长阅读。公开函的内容，在于统一说明事件的原委，表达全校师生集体的伤痛，对事件的反省与反应的模式，以及如何怀念与追悼的方法。务必让全校、亲人、师生三个族群的人，都拥有共同的信息，都拥有集体的动机与情绪发展历程，期以建构健康的刺激——反应之心理与行为发展模型。

2．H 阶段：校园自杀防治专题演讲

针对全校教师及志工妈妈干部，实施 2 个小时专题演讲，讲授纲要如下文：

（1）自杀与自杀未遂的统计分析

（2）生命危机——每年 30 万家庭的破碎

（3）家庭中弱势分子的挫败性行为：老人自杀、儿童自杀

（4）校园自杀的案例分析：教师自杀个案、学生自杀个案

（5）忧郁症与精神疾病的征兆、症状与治疗

（6）自杀的征兆、处遇与治疗

（7）心理危机等级分析的模型与技巧

（8）自杀前、中、后的处遇技巧

（9）希望 24 热线老人生命教育与危机干预中心

3．I 阶段：重度创伤教师特殊心理治疗

针对进入命案现场或特别亲近关系之教师，提供心理危机衡鉴与特殊心理治疗。本文作者于参加 F 阶段作业时，即由学校提供名单，并于学校提供之空间，立即约谈重度创伤教师。首先衡鉴心理危机等级，因属第三等危机，个案无立即性生命危机。故进行特殊心理治疗，协助其形式化的释放创伤后的负向动机与情绪，并重建价值观的生活支持系统。治疗师预告危机信号与求助管道，教授自我治疗技巧后结束治疗。

4. J 阶段：亲近教师小团体心理治疗

针对平日与案主交情较好的老师、职员与学生家长，提供小团体心理治疗。在治疗师要求下，学校提供了一张 9 人名单，安排于舞蹈教室中，实施了 2 小时的小团体心理治疗。治疗程序如下。

（1）场面结构：建立关系，并说明本次治疗团体召开的原因与目标。

（2）音乐治疗："我想你"播放词曲哀怨的音乐，促膝围坐成小圈，逐次释放与改变肢体的联结形式。在治疗师的旁白与操作下，成员开始牵动意念释放情绪。从个别饮泣到嚎啕大哭，团体分成两个小团体，环绕着两位（一男一女）重度悲伤的教师，在哭泣声中彼此互相慰藉。

（3）表出治疗：治疗师改播祥和音乐，重整小团体促膝围坐队形，邀请成员逐一说出"事件发生后，我的心情、想法与反应，以及想对案主说什么话？"让每一个成员，都能正式对着外人（团体中所有成员）表出自己的心路历程。让每一个外人都知道，我有多在乎，我有多难过。哭声与拥抱，随着面纸盒四处传递。每一个成员都找出案发前的生活连带事件，后悔自己没能辨识危机信号，并及时注意或响应或关切，而未能及时挽救案主的生命。每一个成员都罪责自己的疏忽，并向案主致歉。"他会死，都是我害的……"、"如果我……，他或许就不会……"、"当他……，我应该……，可是……"、"对不起，我应该……"、"祝福你，我期盼……"……等语句，让成员内心受创的意念与情绪，以及对案主深挚的感情，都公开宣告给世人（团体的所有成员）。有一位成员哀泣不能自已，也无法表白；治疗师以替代性治疗语言，替其表白后结束此阶段治疗。

（4）If治疗：治疗师描述每个成员的创伤经验与受创的人之状态，而后询问"如果你是案主，若他在天之灵看到你这样，而大家也这样，请问……他会对你说什么？对大家说什么？"治疗师请成员逐一角色扮演，说出两段语言。每一个成员（除了上一位无法自止的成员外），都真诚的告诉自己，并祝福团体中的每一个成员，完成了自我治疗的历程。

（5）音乐治疗：治疗师播放第一阶段相同音乐，重整促膝围坐的队形，要求成员左右牵手，逐一给身边人力量，支持团体中每一个成员——用眼神、用点头、用微笑、用握紧手、用拍肩、用拥抱。团体在成员拥抱成一团中，结束治疗的历程。

5．K阶段：导师班大团体治疗

针对案主历任导师班学生，以班级为单位进行大团体心理治疗。此次作业中，除了现在的导师班以外，案主以前四年级的导师班学生，已分散在六年级各班。故分成两个梯次，一个梯次是现任导师班学生，一个梯次是集合已分散之导师班学生。治疗历程如下文：

（1）舞蹈教室地板上，治疗师背对墙壁，35个学生分成前后两排围坐成圆形；右边两排半圆是男生，左边两排半圆是女生。

（2）治疗师自我介绍，并说明来意"我来这里，我们围坐这里，是为了一个人……老师"。

（3）"请你们告诉我，……老师长什么模样？"在治疗师的询问下，学生纷纷举手发言。治疗师串联着所有人的发言，描述一个完整的……老师，"所以，……老师长得……，皮肤……，头发……，常穿……，喜欢……"等内容。

（4）"有没有人知道……老师发生了什么事？"在治疗师的询问下，学生纷纷举手发言……"她死了"、"自杀了"、"烧炭自杀了"、"挂了"、"上天堂了"。

（5）"什么是自杀？为什么她要自杀？"学生又七嘴八舌的发言。

（6）"自杀好不好？能不能解决问题？"学生又七嘴八舌的发言。

（7）治疗师串联学生发言的字句，引导正向的诠释。

（8）"我们会不会想念……老师？"学生纷纷回答"会"，女生开始有人哭泣，开始传递面纸盒。

（9）"想到……老师的时候，你会怎样？"学生七嘴八舌回答，包括吃不下饭、睡不着觉、做恶梦、一直哭泣、很伤心、很痛苦、希望她不要死……。

（10）"会想到……老师的人举手？"、"常常想……老师的人举手？"、"想到……老师时，会哭的举手？"、"常常想……老师，而一直哭的举手？"、"常想……老师而做恶梦的举手？"、"常想……老师而吃不下饭的举手？"男女生都有人哭泣，举手的人数，每一项都是男生比女生多。

（11）"每个人把眼睛闭起来，请你开始想念……老师，当我的手碰到你肩膀时，你才可以张开眼，说出……老师自杀后，你的心情，以及你想对……老师说的话？"在治疗师的碰触下，一个男生一个女生，轮流说出对……老师的思念与想法。女生有 1/3 哭泣，少数人大哭；男生有 2/3 哭泣，少数人哭得比女生严重。女生的祷词强调怀念与祝福，男生的祷词强调怀念与把书读好的正向行动。原先，从开始至第（8）项都嘻皮笑脸的男生，从第（9）项纷纷举手后，在本项中，表现出比女生更强烈的感情释放，面纸盒的传递和慰藉行为，男生这边比女生那边更频繁。学校老师说，这些男生平常都是搞笑派，事发之后，女生会哭泣，男生没人哭过。可是，团体治疗现场，男生却释放出超越女生的强烈感情与哀伤。

（12）治疗师串联学生的语句，引导正向的心理历程，确认"想念"是因为"感情很好"，是因为"感谢和感恩的心"。确认有没有"哭泣"、"睡不着"、"做恶梦"、"吃不下饭"……都是正常的、合理的、有情、有义的行为。尤其是摘要学生的发言，串联出"因为思念……老师，所以我们更要用功读书，当好学生，读好她教过的科目等，正向的行为"。治疗师带领大家朗读"……老师，虽然您已经过世了，我和同学们都非常想念你，希望您在天之灵能够幸福快乐。我和同学们，会努力读书，当个好学生，来报答您对我们的恩情。"并结束疗程。

6. L 阶段：科任班学生超大型团体治疗

治疗师针对案主科任之所有班级学生，实施超大型团体心理治疗。此次作业流程，共分两梯次，在体育馆举行。第一梯次为全部一年级

学生200多人,第二梯次为全部五年级学生200多人。治疗程序如下文:、

（1）治疗师背对舞台,学生围成Π字型坐在地板上,每一个学生发给一支笔和一张 A4 白纸,各班导师退到学生背后。

（2）治疗师自我介绍,挥舞手上白纸说:"……年级各班学生都在这里,当我走到你们班面前时,请全班挥舞白纸高声向我问好,我要看哪班的反应最快最整齐最大声。"治疗师在Π字型内侧,或跑或走或前或折返或快或慢。全场 200 多名学生完成 warm up 作业,治疗师给予赞美。

（3）治疗师询问"你们认不认识……老师呀?"学生轰然回答"认识"。"请你们告诉我,……老师长什么模样?"

（4）（4）～（9）项与 K 阶段相同,但为超大型团体之带动。治疗师必须以大声音、大表情、大肢体动作与大空间的移位,带动全体学生。

（5）每个同学请拿起白纸,横向对折,撕出一个"心"形。治疗师在黑板上画图形,并示范如何撕出一颗心。一年级生,则请导师协助。

（6）"现在,当我跑你们班级前面时,把你刚完成的心拿在手中一边挥动一边向我问好"治疗师开始跑动,完成两次 warm up。

（7）"请每个同学拿出笔来,在你的心上,写出你想对……老师说的话!""想到什么,就写什么,给她的祝福,还有你要给她的承诺。""你会不会想念她,你想怎样报答她?请开始写!"治疗师下指导语。

（8）"你如果写完了,或者不知道写什么,也可以用画的。"治

疗师下指导语。

（9）"哪位同学写完了？可以交给我，念给大家听吗？"治疗师开始朗读并展示，某些男女同学写在心上的文字与画的图案，带动现场热情的气氛。

（10）"大家都已经把想对……老师说的话和祝福，都写在自己的心上了。现在，请交给各班导师，再送到舞台这边来。"

（11）"现在，我们要一起来怀念……老师。"治疗师捧着所有人的心，朗读其中一颗心的内容，"现在我要把大家的心献给天上的……老师，请大家看这里！"治疗师把那颗心点火在金炉中，并高喊"……老师，用这颗心，代表所有同学的祝福！""请每个同学低头，我们一起默哀30秒，祝福……老师"。

（12）"……老师，您已经过世了，我们都很想念您。希望您在天之灵，能收到我们的祝福，我们会努力读书，当一个好学生，祝福您！"治疗师带领全体同学朗诵后，结束此疗程。

7. M 阶段：特殊问题学生小团体治疗

案发30～45日后，请班导师注意仍有情绪困扰同学，实施小团体心理治疗。此次作业，共有5女1男，分别来自现任导师班及以前的导师班。治疗程序如下文：

（1）治疗师于舞蹈教室中，要求六位学生与治疗师促膝围坐地板上。

（2）治疗师自我介绍，并说明此次聚会的目的。

（3）"……老师虽然已过世很久了，但是还有很多人常会想念她，你会不会想念她"。六位学生纷纷点头，两位女生开始饮泣。

（4）"想念……老师的时候，除了哭泣之外，你还会怎样？"学生纷纷道出"吃不下饭"、"睡不着觉"、"做恶梦"、"会害怕"、"一直哭哭很久"、"告诉自己不要想了，却一直想"。男生说每天如此，女生则常常如此。男生几乎每项都有，女生则较少吃不下饭。

（5）"面纸盒放你面前时，就请你说出，自从……老师过世，一直到现在，对你发生了什么影响？"六位成员哭着说，哭着听，哭着安慰朋友，哭着被朋友安慰。每个人尽情表达自己的感情、悲伤和创伤后的行为反应。

（6）治疗师摘要同学的心声与反应，并强调因为他们对老师的感情特别深厚，所以才会这样子的反应。而这些反应都是合理的、必然的、不得的、一定要的。

（7）"但是"治疗师说："如果……老师在天之灵，看到你们这么想念她，她会不会很高兴？"学生异口同声回答："会"。治疗师继续问"如果……老师看到你们，为了想她而不吃不睡，一直伤心哭泣，而且只要听到或看到相关死亡的声音字句，就会"挡不住"而痛苦难过、害怕。请问……老师会不会很高兴？"学生异口同声回答："不会"。治疗师继续问"如果，上帝看到，因为……老师而害大家痛苦这么久，上帝会让……老师上天堂还是下地狱？""可能是下地狱"，治疗师继续问"如果上帝看到，只要你们想到……老师，就快乐地想……老师的好处和恩情，就更加努力读书当个好学生。请问上帝会让……老师上天堂还是下地狱？"孩子们高兴的一起说"上天堂"。

（8）"如果，我把你变成……老师，在你听到大家刚才分享的悲伤之后，你，你可不可以代表 XX 老师，向大家说一些话？"治疗师邀请六位学生，逐一进行角色扮演。每一位学生，都用不同的语言安慰大家，要求大家要快乐地想念她，而不是痛苦地想她，并希望大家都能认真读书，当好孩子、好学生。

（9）治疗师摘要大家的正向语言，强调"我们要帮 XX 老师上天堂？还是要 XX 老师下地狱？""上天堂"。治疗师继续问"我们随时都可以想念 XX 老师，但是要怎么想念他，才能帮 XX 老师上天堂呢？"学生纷纷提出正向的答案。

（10）可是，有时候，还是会想个不停，还是会有哪些不健康的反应？那该怎么办呢？"学生纷纷提出自己的做法，例如："我就赶快想别的事情或别的人"，"我就赶快把电视转到别台"，"我就赶快去找别人说话"等，治疗师给予每一个人大量赞美。

（11）"除了 XX 老师以外，你还有没有很喜欢的人，是谁？"学生纷纷回答，治疗师告诉大家说，"想到 XX 老师的时候，你也可以试着转换成想 XX 对不对"学生回答："对"。

（12）"万一什么法子都不行的时候，怎么办呢？""请举起右手学我边说边比动作""当我们想起 XX 老师或逝世的亲友，右手食指中指在右太阳穴划圈圈"，我就要想到以前的好，而让自己快乐起来（右手手掌张开在胸前摆动），我就要更努力读书当个好学生（右手握拳举大拇指，由胸向前推出），治疗师带着大家，边念边比动作，以及只比连续动作，建立制约反应"以后，只要我们一想到 XX 老师或逝世的亲友，我们就？"学生们立即同声接口制约语言与制约动作。治疗师以正向语言摘要整个疗程后，结束此疗程。

（四）第四期"生命教育期"：N ～ W 10 阶段四大工作重点

本期为全校师生，生命教育训练与研究发展期。第一个工作重点是，学生十大生命难题调查；第二个工作重点是，全校实施生命教育电影教学；第三个工作重点是，全校各班导师实施九次或九周天使教案；第四个工作重点是，实施天使计划。

1. N 阶段：学生十大生命难题普查计划，以及施测标准化程序训练

为了了解学生用什么观点来看自己和这个世界的关系，学生们每天困扰的问题是什么？这些问题会让他引以为苦，还是视之为当然呢？不同年级的孩子，会有什么差别或相同的指向呢？老师自杀案件，会不会浮现在他们现在的十大生命难题中呢？

针对全校三至六年级学生，全面实施开放性问卷调查。先运用教师晨会时间，对全校教师解说本调查的意义与价值，尤其是各年级常模与本校常模之建立，以及他校常模之比较分析等，再对全校导师实施标准化实测程序训练。

2. O 阶段：全校学生十大生命难题普查

针对全校三至六年级学生，利用一节课时间，由各班导师负责施测，完成全校样本收集。以该校为实验组，另以他校（未发生教师自杀案件）为控制组，将完成年级与学校之常模，并对两组数据进行比较分析，结果另文发表。

3. P 阶段：生命教育影片赏析教学观摩

针对全校教师，教授生命教育电影教学技巧。在笔者指导下，全校教师一起观赏"○○的○○"影片，经分组讨论后，进行电影解析，以及生命教育的观点，剖析影片中人物与剧情，所彰显的生命三部曲——自助、求助、助人。借着讨论提纲的提供与二次分组讨论，强化本教学活动的核心价值——当我遇到困境，且用尽一切努力，都徒劳无功，甚至越来越糟糕时，并不代表"我解决不了的事，别人也一定解决不了，我也不好意思要求别人帮这么大的忙！"所以，"只有死路一条"。而是，"我耗尽心神解决不了的事，别人可能轻而易举就能帮上我忙！""只要我能求助，愿意接受别人帮忙，只要遇上贵人，还是可以解决我的困难的"。

4. Q 阶段：全校生命教育影片欣赏班级讨论会

针对全校各年级各班学生，同学实施电影讨论会。通过各班教室电视教学设备，联播"○○的○○"，各班导师并于影片播放后，展开生命教育之主题研讨，藉以拔除孩子心中的死亡方程式——当所有的努力都不能解决问题时，只有死路一条。

5. R 阶段：学校生命教育"天使教案"教学观摩

针对全校教师，示范教学"天使教案"的教学技巧。与校方商议，学期结束前挪出 9 次（每周一次）导师时间，由各年级各班导师教授天使教案。举办天使教案教学观摩，简介每一个教案的目标与教学要领。说明不同年级使用相同教案，差异点在于引导讨论的深度与时间，并示范动力团体教案的特殊教法。

6. S 阶段：执行学校生命教育"天使教案"

全校各年级各班导师，利用导师时间，每周 1 次，教授一个单元课程，预估至学期末止，共教授九个单元课程。

7. T 阶段：学校生命教育小天使成长营说明会

针对全校教师及相关志工干部，说明开办小天使成长营的目的与价值。除了沟通观念建立共识之外，进一步说明筹备、招生与前后测试的要点。

8. U 阶段：守护天使训练

针对志工妈妈干部，实施 12 小时（3 小时 ×4 次）共四周的小团体带领技巧训练，包括一般读书会、电影读书会、天使营与天使社的带领技巧。期于天使营结束后，储训天使社之守护天使。

9. V 阶段：学校生命教育种子学生训练"小天使成长营"

针对三至六年级各班学生，尽量招募（或教师推荐）相同人数之学生，接受训练成为"生命教育种子学生"。此次招募 150 名学生，实施全天 8 小时的马拉松超大型动力团体训练。培训之 10 位"天使教学团"成员负责教学，该校 20 位老师分别担任 10 个学院的学院导师，完成三大天使任务教学。

10. W 阶段：筹备成立天使社

筹组生命教育类学生社团"天使社"，征选小天使——生命教育种子学生参加，每双周集会一次，由辅导处老师（生命教育种子老师）带领义工妈妈（生命教育种子家长）担任"守护天使"，持续激励孩子执行三大天使任务。

（五）第五期"追踪治疗与研究发展期"：X ～ Z 三个阶段，三大工作重点

本期有三大重点：第一是追踪治疗成效，第二是发展评量工具与研究，第三是扩大运用学生十大生命难题之研究成果。

1. X 阶段：追踪辅导与心理治疗

追踪对教师与学生各种治疗效果，并提供持续的治疗。该校教师治疗团体参与者，辅导处追踪成效良好，不需持续治疗。对于接受小团体心理治疗的特殊问题学生则于 47 天后招集第二次"治疗团体"。

发现这些学生，都已不再想 XX 老师，都已将注意力转回课业与嬉戏之中。偶而提到或想到，也都能迅速转至别的主题。不但不会卡在 XX 老师，连面对面提及相关主题，也都能坦然面对，没有忧伤、不再哭泣，所有的症状皆已消失，显示上一次治疗成效良好。

2. Y 阶段：发展评量工具进行量化工具

心理治疗与生命教育方案，缺乏量化衡鉴工具，有待继续研究发展。小天使成长营设置实验组与对照组，并进行前后测，各种教学成果的显著性，将于另文发表。

3. Z 阶段：学生十大生命难题常模之运用

本调查的结果，将提供校长、辅导处主任与班导师，了解该校及各年级学生生命难题之常模，将大有帮助于全校各年级与各班的教学与辅导。目前，全校已施测完毕，资料编辑之中，研究结果另文发表并送学校，另行研议各种追续方案。各方案之设计，将采用量化衡鉴方式，执行成果另以论文发表。

四、结论

由于教师自杀案件的发生，某小学在校长的领导下，以辅导处专业辅导人员为主轴，结合各处室主任与全校教师、志工妈妈，全力执行师生心理治疗，及长期的学校生命教育作业。令人惊讶的不只是团队的应变力与弹性，更令人钦佩的是整个学期以来，该校建立了导入校外专业资源时，水乳交融的整合运作模式，未发生任何本位主义的拮抗行为，而能迅速消化吸收与执行各种治疗与教育方案。这些耗尽无数血泪梦魇与心血的工作模型，仍将继续追踪检讨与发展各种评量工具。期盼能以全校师生投入的努力，提供各种生命教育预警方案，以及万一有自杀事件发生时，学校紧急应变、死亡创伤团体治疗与与全方位处遇之参考。

第二节　校园内中学生死亡创伤
之处遇模型

一、前言

　　校园内学生在课堂中上课，以为是平凡的一天，竟然变成人生中最悲伤的日子。2004 年 10 月 25 日上午，△△初中二年级的女生，下课时在座位上喝水后昏倒在地，同学们帮忙送保健室急救无效，而于救护车上失去了生命微象，经至医院抢救无效而宣告死亡——猝死。虽非校园自杀的个案，但毫无征兆的在座位上猝死，对全班同学与全校师生而言，造成了严重的死亡创伤，身心灵都造成了很大的影响。

　　因此，本文摘述校园内死亡创伤辅导与治疗的历程实务操作，并提供校园内死亡创伤的处遇模型，以期作为各级学校专业人员对于学生死亡创伤辅导的参考。

二、校园学生死亡创伤之处理模型

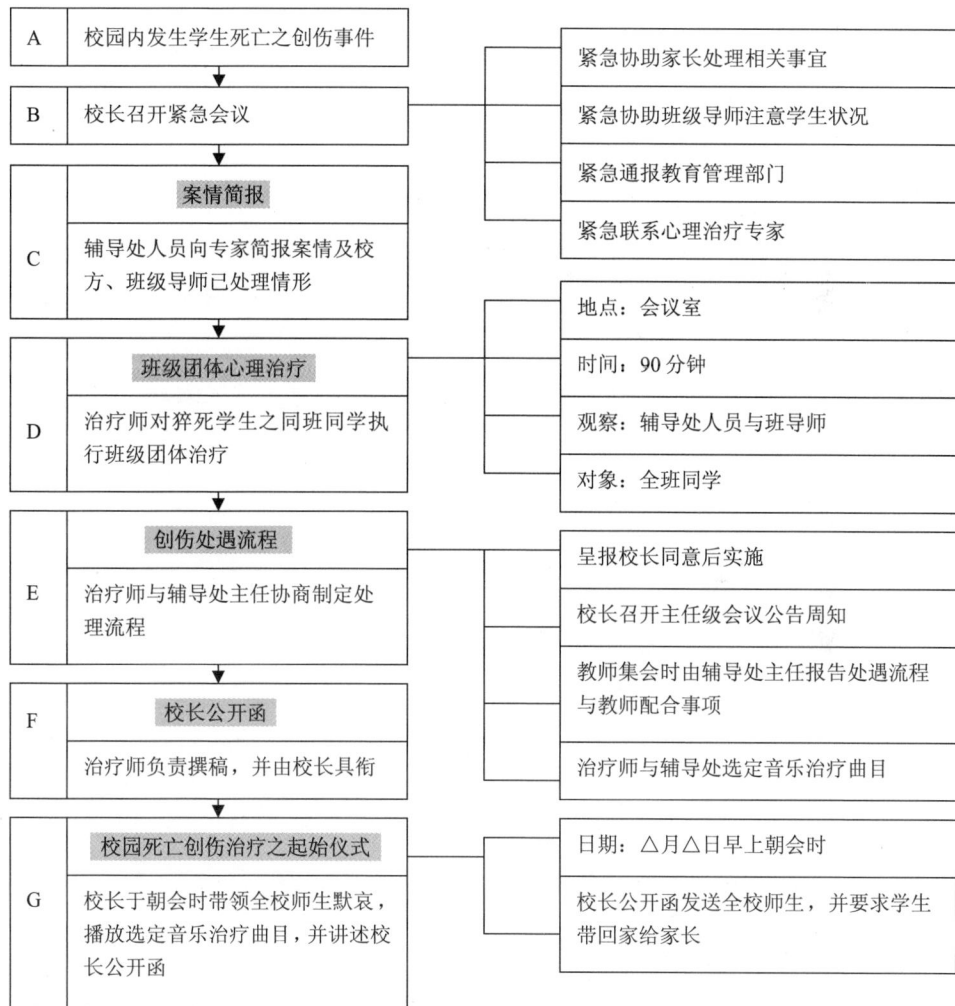

A	校园内发生学生死亡之创伤事件

B　校长召开紧急会议

- 紧急协助家长处理相关事宜
- 紧急协助班级导师注意学生状况
- 紧急通报教育管理部门
- 紧急联系心理治疗专家

C

案情简报

辅导处人员向专家简报案情及校方、班级导师已处理情形

D

班级团体心理治疗

治疗师对猝死学生之同班同学执行班级团体治疗

- 地点：会议室
- 时间：90分钟
- 观察：辅导处人员与班导师
- 对象：全班同学

E

创伤处遇流程

治疗师与辅导处主任协商制定处理流程

- 呈报校长同意后实施
- 校长召开主任级会议公告周知
- 教师集会时由辅导处主任报告处遇流程与教师配合事项
- 治疗师与辅导处选定音乐治疗曲目

F

校长公开函

治疗师负责撰稿，并由校长具衔

G

校园死亡创伤治疗之起始仪式

校长于朝会时带领全校师生默哀，播放选定音乐治疗曲目，并讲述校长公开函

- 日期：△月△日早上朝会时
- 校长公开函发送全校师生，并要求学生带回家给家长

159

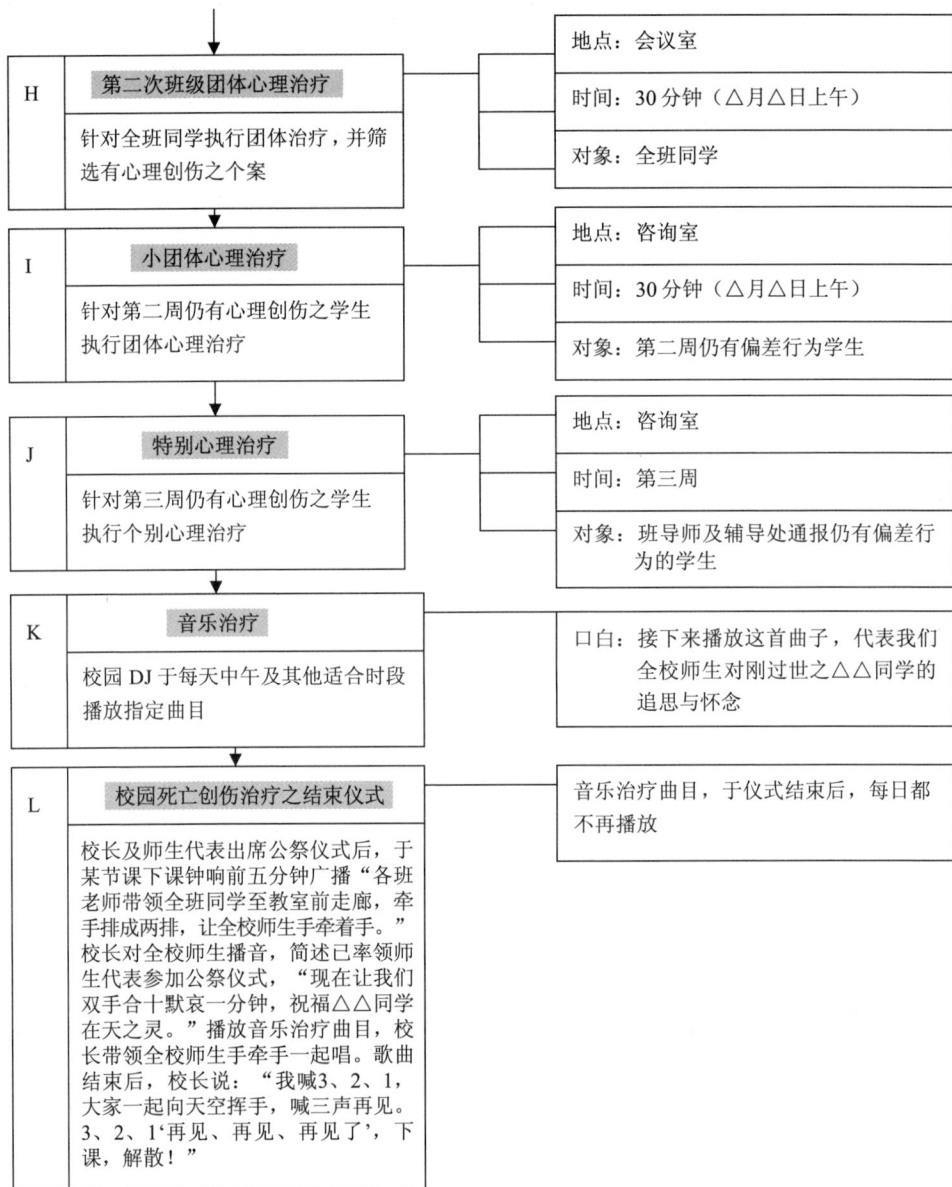

H	**第二次班级团体心理治疗** 针对全班同学执行团体治疗，并筛选有心理创伤之个案	地点：会议室
		时间：30分钟（△月△日上午）
		对象：全班同学

I	**小团体心理治疗** 针对第二周仍有心理创伤之学生执行团体心理治疗	地点：咨询室
		时间：30分钟（△月△日上午）
		对象：第二周仍有偏差行为学生

J	**特别心理治疗** 针对第三周仍有心理创伤之学生执行个别心理治疗	地点：咨询室
		时间：第三周
		对象：班导师及辅导处通报仍有偏差行为的学生

K	**音乐治疗** 校园 DJ 于每天中午及其他适合时段播放指定曲目	口白：接下来播放这首曲子，代表我们全校师生对刚过世之△△同学的追思与怀念

L	**校园死亡创伤治疗之结束仪式** 校长及师生代表出席公祭仪式后，于某节课下课钟响前五分钟广播"各班老师带领全班同学至教室前走廊，牵手排成两排，让全校师生手牵着手。"校长对全校师生播音，简述已率领师生代表参加公祭仪式，"现在让我们双手合十默哀一分钟，祝福△△同学在天之灵。"播放音乐治疗曲目，校长带领全校师生手牵手一起唱。歌曲结束后，校长说："我喊3、2、1，大家一起向天空挥手，喊三声再见。3、2、1'再见、再见、再见了'，下课，解散！"	音乐治疗曲目，于仪式结束后，每日都不再播放

三、校园死亡创伤的处理模型解析

整个处遇流程由 G→L，包括五大部分：第一部分是全校性的文字治疗；第二部分是班级性的团体治疗；第三部分重度心理创伤的延续与追踪治疗；第四部份是音乐治疗；第五部分是校园死亡创伤治疗的起始与结束仪式。

（一）全校性的文字治疗

为了平息校园内事后口耳相传的议论与追逐的抨击；尤其是亲近的同学、爱慕的同学、有好感的同学、捉弄过她的同学，以及那些原来就已遭逢亲人变故离异，却不认识她的同学；他们心里头不知何去何从的挫败与无可倾诉的郁闷，以及来自家长与新闻报道的关切质问。治疗师特别撰写"校长公开函"，内容包括：案发后校长的动机与情绪创伤历程（用以宣告那些不好的念头、难过的情绪与不适应行为，是每个人都会有的正常反应。）案情发生经过的描述（用以回答和统一每一个人心中的疑惑）；校长和同班好友，由悲伤引发出珍爱生命的启示（用以统一负向情绪，如何转化为正向动机的路径，以及正向行为操作的指向）。全文如下：

> 我亲爱的学生、家长、与教师同仁：
>
> 　　这几天的心情，很复杂、很难！△△中学的孩子出事了，我们的学生、我们的同学出大事了！△△，她走了！我哀伤，我悲痛，

就像认识她、熟悉她的老师和同班同学一样，吃饭、睡觉、上课、下课……我们无时无刻地想念。吃不下饭、睡不着觉、上课无法专心、放学也无法放松，我们变得有些消沉，不太想说出心里的委屈，不太想和别人讲话，甚至不知道怎么和家人沟通……。

可是，到了△△医院，△△的灵堂前，我才知道我不是最悲伤的人。最哀恸的人，是△△的父母和家人。看着白发人送黑发人的哀恸，校长才惊觉除了悲伤之外，最重要是不要让这种哀恸，再度发生在△△中学的孩子身上，我知道我必须振作，相信△△在天之灵，一定会感谢我们对她的怀念，一定会不舍大家的悲伤，更一定会要我们记取她带来的启示——珍爱生命。

△△是我们学校△年△班的学生，她身体健康、活泼开朗。10月25日上午却在教室里突然昏倒在地，同学们迅速送她到保健室，护士阿姨用尽一切方法急救，却不幸在救护车上失去了生命的征象，到了△△医院又经过多次的急救无效而宣告死亡——猝死。没有病痛、没有外力侵击，在没有任何内外致命因素下，突然死亡。医学上发现，猝死可能发生在任何年龄层。猝死是意外死亡，什么是意外，意外就是意料之外。原来人生有意外，意外一发生，小则伤病，重则死残。

△△意外的猝死，让我们惊讶于生命的脆弱，悲伤于生命的殒落，更让我们反省没有发生意外的我——是否珍爱自己、家人、与亲友的生命。就像△△的同班好友写给△△的信——"今天以后，

我还是会想到你，但是不再是悲痛，而是对生命应该好好的把握，做任何事我该付出的所有心力。我要认真读书，认真过每一个时候……"　"……我会比以前更加倍的努力，珍惜身边的朋友，以及和家人相处的任何时间……"　"……努力的真心待人，不会等到她过世才去后悔……"　"……我会告诉自己要更珍惜生命，不要有轻生的念头，也要更珍惜和家人相处的时间……"　"……尊重自己的生命，不要让周遭的人，有任何的恐惧与害怕……"

　　校长谨代表△△中学全体师生，向△△的父母致以我们内心最虔诚的哀悼与追思。校长更要对△△的在天之灵宣告——我们想念你，想你的时候我们会更努力，更努力的珍惜生命、发展生命与尊重生命。校长还要向△△中学的所有孩子说："从今天起，我们要更努力帮助自己，更努力帮助别人。而当我们帮不了自己或别人时，我们一定要勇于求助。如果任何人需要帮忙，记得找父母和老师，或者到辅导处或校长室来，每一个师长都会尽全力来帮助你。"

　　△△的同班同学，每个人都写了一封信给她。每一个同学也都帮△△回了一封信给大家。校长摘录某位同学帮△△写的"天堂的回信"，当作全校师生共同的勉励。"……我已收到你们给我的信，我知道我的死对你们的打击很大。不过我还是希望你们能照顾好自己的身体，有心事要跟父母说。你也要努力走完你的人生，使你的人生多彩多姿，不留下任何遗憾。要更珍惜和每个人在一起的时间，

想到我时请不要伤心。应该要多多做些对自己有意义的事情，答应我不要伤害了自己。"

△△中学校长

○○○敬上

（二）校园死亡创伤治疗的起始与结束仪式

校长利用最近一次早会时间，带领全校师生默哀，并于音乐治疗选定的背景音乐中，朗诵"校长公开函"。早会后，辅导处立即发送"校长公开函"，全校师生每人一份，并要求学生带回家给家长看。从此正式展开校园创伤治疗之起始仪式，次由每日播放的音乐治疗曲目引领共同的追思，最后在于公祭日执行结束仪式（详如上文模型中阶段 L 之说明），带领全校师生共同把悲伤的心情画下休止符。

（三）音乐治疗

本案例选择女声的曲目，特色是旋律优美，歌词由悲而喜，由哀伤而奋励自强。先于起始仪式中播放，次由校园 DJ 配旁白每日定时播放，再于结束仪式中播放——全校师生齐唱，此后即不再播放。运用音乐结合校长公开函，开启贯穿与结束全校师生共同的哀思。

（四）以班级为对象的团体心理治疗

1. 第一次班级团体治疗（D+2 日）

全班同学分男女两边坐在 U 形会议室两侧，治疗师坐在 U 形缺口，班导师与辅导处人员坐在 U 形桌凹部观察记录。女同学窃窃私语，男同学笑闹不知自止。案发当天，女同学即已多人哭泣，男同学仍成群去打篮球。治疗师于开场白中完成男同学秩序的制约，以及治疗场面之结构，立即展开团体治疗。

（1）第一阶段：检核心理创伤

治疗师叙说亲友猝死的亲身体验，描绘各种创伤心理与情绪化的行为状态，从而导入同学们在△△同学猝死后的心理历程，并检核每一位同学的创伤反应。检核程序如下：

A. 现在请每一位同学把眼睛闭起来，不要张开眼，不要看别人，我问到的情形，如果发生在你身上，你就举起右手来。大家都闭着眼睛，没有人知道谁举了手，请大家让大家放心地举手，闭着眼，谢谢！开始啰！

（A）"星期一中午，确认△△同学过世的消息之后，心里就开始悲伤难过的请举手？"

（B）"星期一晚上回家后，吃不下饭的请举手？"

（C）"星期一晚上回家后，睡不着觉的请举手？"

（D）"星期一晚上回家后，没心情写功课的请举手？"

（E）"星期一晚上回家后，有主动和家人说这件事的请举手？"

（F）"星期一晚上回家后，会害怕会恐慌的请举手？"

（G）"做恶梦的请举手？"

B．谢谢大家都闭着眼睛，谢谢大家都很勇敢地举手，把自己内心的感受表达出来！我要继续问了：

（A）"星期二在学校，还会想着△△同学，还很难过的请举手？"

（B）"难过得没法专心上课的请举手？"

（C）"星期二回家后，还会吃不下饭的请举手？"

（D）"还会睡不着觉的请举手？"

（E）"还会写不下功课的请举手？"

（F）"还会害怕恐惧的请举手？"

（G）"还会做恶梦的请举手？"

C．请大家睁开眼睛，谢谢！大家都很勇敢地举手，表达出自己内心的感觉。我要告诉大家，刚才我念的每一项都有人举手，男生女生都有很多人举手。我要告诉举过手的同学，那些情绪、念头和行为都是正常的。随着你和△△同学感情的深浅，内心喜欢她的程度不同，所以也会出现深浅不同的悲伤反应。所以，很难过是合理的，不会很难过也是正常的喔！

（2）第二阶段：表出心理创伤

治疗师开始要协助孩子，扩大与替代性的以文字表现出内心所有的悲伤。

A．各位同学虽然都很难过，可是你们知不知道，△△同学过世之后，天底下最痛苦的人是谁？请回答？大声回答？哭的人也要大声回答。我再问一次，请一起大声回答？世界上谁最痛苦？

B. 所有同学（包括低头哭泣的两个女生）大声回答"她的爸爸妈妈"之后，治疗师要求：

（A）请拿起你桌前的纸笔，第一道题目，如果你是△△同学的父母，我知道要各位都已经写一封信给△△同学（导师要求），现在请你代表△△同学的父母写一封 20 ～ 30 字的信给△△同学。你是她的父母，你要告诉她什么呢？请开始写。

（B）好，停！还没写完的也停笔了！△△同学有一个妹妹，小二的妹妹，发现姐姐没有回家，发现父母一直哭，她一直问姐姐呢？第二个题目，如果你是△△同学的父母，你要怎样告诉妹妹这个消息呢？请你用 20 ～ 30 字告诉妹妹，请开始写。

（C）停！没写完的请停笔。第三个题目，请你代表我们全班同学写一封 20 ～ 30 字的信给天堂上的△△同学，请开始写。

（3）第三阶段：削弱心理创伤

治疗师以"戏剧治疗"技术协助孩子，重新经历创伤事件，确认事件已经发生，并削弱孩子的创伤心理。

A. 星期一事情发生时在现场看到的人请举手？好，如果这是△△同学的座位，谁可以来演△△同学？好，谢谢这位男同学。坐，喝水，然后呢？倒在地上了，喔！还抖着抖着。好，这时候怎么了？谁先看见？你，你们，你们叫她了？喔！还以为她在玩？然后，谁来抬她去保健室？哪几位？好，你们几位女同学出来？好，谁问她话？来，开始问。好，把她抬走，怎么抬？这桌子是保健室的病床，把她抬上来。然后呢？导师来了！护士阿姨在急救！救护车来了，开走了。你们回教室。

B．好，掌声鼓励谢谢这位男同学。从刚才的"回放"，我们发现事情发生得突然，起先还以为闹着玩，还好大家反应都很快，赶快送去保健室急救，遗憾的是△△同学还是走了！

（4）第四阶段：强化正向动机与情绪

治疗师开始协助孩子，转化正向动机与情绪：

A．现在，请大家拿起桌上的另一张纸，横着对折起来，看我的示范。很好，现在直着拿，左手捏着对折的这一边，看我的示范用左手这样子撕纸，撕出一颗心来，撕出大大的一颗心来。看到没，再示范一次，折纸，撕纸，撕成一个心。对，请大家开始撕。

B．大家都撕好了，现在拿起笔来，从心的中间画一条线，把这颗心分成左右两边。好，再拿起笔来，把右半边的心再分成两个部分。上面写阿拉伯数字的1，下面的那份写2，左半边的心写3，请看我写好的，1、2、3。好，大家都写好了。

C．现在，请你拿起笔，在1的部分，写出事情发生后，你内心的激动，你的心情，你的难过。写出来，开始，△△同学走了，对你造成什么影响？把你的难过写出来，请你写"三天以来，我……"。

D．停，我们以写出三天来所有的悲伤。但是大家都知道，△△同学在天之灵看到我们的悲伤会很感动。可是，她会希望我们为了她的死，而吃不下饭、睡不着觉、无法上课、无法写功课、害怕和恐惧吗？当然不是，她会希望我们怎样？对！"勇敢！"对！就像这位同学说的"珍惜自己的生命"。请大家拿起笔来，请在2的部分，写下"从今天起，我会……"，请开始写，今天起不再只是悲伤，请写出△△同学对你的启示，你会如何勉励自己。只要一想到她，你会告诉自己什么？

E. 停，大家都已写出你对△△同学的承诺。告诉她，三天来你有多悲伤。更告诉她，今天起你会为她更坚强。现在，请举起笔来，在左半边的心，写下标题"天堂的回信"。请你代表△△同学，回一封信给你和全班同学，请开始写。

（5）第五阶段：告别与祝福的仪式

治疗师协助孩子，对着门口的空椅子，说出对△△同学的祝福和心语，然后出门回教室。

A. 还没写完的人继续写，写完的人纸笔留在桌上不要动，请起立到这海报板后面排队。

B. 排队的人请注意，我向你招手时，请走过来。门边这张椅子代表天堂上的△△同学，请你回教室前对她说出，你来不及和她说的两句话，以及对她的祝福！好，开始！

（6）综合解说

A. 第一阶段：每个问题都有人举手，男生女生都会举手。问题愈深举手的人就较少，但男生比女生多。且开场时愈调皮的男生，正是举手次数愈多的人。显示男生和女生都有心理创伤，但女生会用哭来表达，男生却隐藏起来。愈是嬉闹玩笑的要酷男生，愈可能是心理创伤指数高的孩子。治疗师请导师和辅导处老师，注意辨识与记录举手多次的孩子，加强日常生活关怀与观察。

B. 第二阶段：孩子都能真诚地表出父母的悲伤，真诚地模拟父母对妹妹的劝慰，更能以真诚的文字写出代表全班的祝祷。摘录文句如下。

（A）爸爸妈妈的话：孩子你走得好突然，早上的你是带着笑容，如今却是具冰冷的身躯，我们是如此的难过，但如今你就带着我们满心的祝福离开吧！你永远是我们的心肝！

爸爸妈妈对小女儿说：姐姐她走了，她离开我们了！我们再也见不到姐姐了！她只是睡着而已，永远的睡着了！不要难过！姐姐她会永远和我们在一起，就算看不到她的身影，她永远是我们的家人。

全班同学的信：我代表全班同学对你说的话：我们相处的时间是如此短暂，你就这样无声无息地离开了大家，我们共同经历了许多事，那是属于你我的回忆，现在我们再也见不到你了，但你会永远活在大家的心中，我们舍不得你，希望你带着大家的祝福到另一个世界。

（B）爸爸妈妈的话：孩子，我跟你算是缘尽了，之前可能有时会打你骂你，不过这也是为你好，请不要放在心上。你今天突然走，我的心里就像少了一块肉一样好痛。希望你在另一个世界也能过得像你在人世时，那样的快乐。

爸爸妈妈对小女儿说：姐姐去了一个地方，她在那里会过得比现在还好……那个地方会有很多人陪她玩，那个地方也很大，有很多的玩具让她玩，她不会再回来了，她在那里很快乐，以后也没有人会跟你抢东西、吵架，所有的东西以后都是你的了。

全班同学的信：大家都好想你，虽然男生们有时会捉弄你，女生们会在你背后说一些你的坏话，但是你发生了这种事，每个人都无法接受，尽管那些欺负你的人。班上笼罩着一层乌云，气压低得吓死人，希望你能走得安详，在另一个世界，你一定也能交到很多好朋友和死党，也希望你一路顺风。PS 虽然不能一起去露营。

（C）爸爸妈妈的话：女儿，我亲爱的女儿，你就这样的走了，什么话也没说，就走了……我还有很多事情没和你一起做，好多事都还没有完成，你就不告而别，不是说好要去露营吗？你人呢？在哪里？你还有很多梦想还没完成呢！你就走了，你叫我和爸爸要怎么办？

爸爸妈妈对小女儿说：姐姐她去一个很远的地方，再也不会回来了！去一个大家都会去的地方，她只是先去，我们大家都会去……以后，不会有人和你抢东西，也不会有人和你吵架了！真的！

全班同学的信：△△，你为什么都没有说，就走了？你不是要和我讨论圣诞礼物吗？你不是要和我交换吗？我们都很想你，以后都看不到你了！你叫我怎么办？我要跟谁去逛街？我要和谁去吃早点？我要和谁讨论功课？我们折了很多纸鹤要祝福你！在另外一个世界要幸福喔！

（D）爸爸妈妈的话：亲爱的孩子，这世界上无不散的宴席，虽然我们的相处只有短短的十几年，但你却给了我们许多的回忆，还来不及告诉你什么，你就往生了，或许我们的缘分已经尽了！但我们衷心地祝福你，在天上可以比以前还快乐，我们永远想念你。

爸爸妈妈对小女儿说：你姐姐已经离开人间，以后我们可能都看不到她了，你要自己振作起来，一起为姐姐活下去，如果她在这里活得不快乐，到了天上说不定会快乐了一点，虽然你还小，但是我们都希望你能坚强。

全班同学的信：△△，我代表全班同学跟你说：虽然你走得那么的突然，一句话也没交代我们，也来不及看你最后一面，全班的心里，是多么的不舍、多么的难过！有千言万语是我们无法表达的，好希望你能收到这封信，你的身影留在校园里面，你的笑声、声音，都留在我们心中，你，永远活在我们心里。以前，在班上欺负你，想起来真对不起，原本以为能一起去露营……我们想……不可能了！

（E）爸爸妈妈的话：我最疼爱的女儿，或许是我们的缘分尽了，才会有这样的事发生，希望你在另一个世界里，过得快乐、过得自在，你永远是我们最骄傲、最疼爱的女儿，请不要担心我们，我们会好好照顾彼此。

爸爸妈妈对小女儿说：姐姐，姐姐她去一个很快乐的地方，需要很长一段时间，她在那边过得很快乐、很自在，我们都希望姐姐过得很快乐，到许多好玩的地方，对不对？所以我们要给她时间去玩啊！不要去吵她，这样她才会玩得快乐啊！

全班同学的信：我代表全班同学想跟你说：这突如其来的悲剧，我们很遗憾，也很伤心，但或许这是你另一个新人生的开始，我们曾经拥有的回忆，将一直长存在我心里，安心地走吧！不要担心我们、怕我们伤心，我们会努力走出这段阴影，我们会把自己照顾好，请不要担心!

（F）爸爸妈妈的话：嗨!△△，我亲爱的孩子，虽然我们已不在同一个地方了，但是呢! 我衷心地祝福你在那遥远的国度里，可以找到属于你的那个幸福天堂，我们都非常想念你，不管是家人朋友，都非常希望见到你，但是现在只能祝福：幸福一生!

爸爸妈妈对小女儿说：姐姐今天她太调皮了，已经先去天堂了，妹妹乖，所以，以后可能再也看不到姐姐了，不过没关系，那里她会生活得很快乐，以后呢?! 只要你乖的话，我们就带你去找姐姐好不好?! 我们先来祝福：姐姐，永远幸福快乐!

全班同学的信：Hello!△△，好久不见，虽然只过了差不多三天的时间，可是感觉好像过了很久，我们班时常想念你那甜美的笑容以及爽朗的声音，我们非常希望你可以回来，不管是回来看一眼，或说说话……只要看到你一眼，我们会非常高兴。只要你回来，我们可以跟以前一样快乐、一样高兴……随时欢迎你回来!

C. 第三阶段：在戏剧治疗的历程中，孩子们立刻投入虚拟实境，重演当天事发现场的每一个细节。在笑声与不舍的神情中，大家一起释放了心中那一幕幕可怕的情景。大家都不知所措，大家都尽了力，没有谁害了谁。演剧结束，同学们都好像放下了心中的大石头。

D. 第四阶段：孩子们对着自己撕出来的心，真诚地写出自己三天来的悲伤，也成功地转化出正向的激励，更成功地写出来自"天堂的回信"，而完成了"自我治疗"的历程。摘录文句如下。

（A）这三天，每当我一想到你，我就会伤心得无法集中精神做事情，心里感到空虚，感觉怪怪的。

从今天起，只要我一想到你，我就会更努力地珍惜自己和家人，还有身边所有的人，努力地真心对待人，不会等到他过世才去后悔。

天堂的回信：我很高兴能有你们这么好的朋友，可以真心地对待我，虽然我现在不能跟你们在一起，我也知道你们很伤心、很难过，但你们因为我的离开而这样，并不是我希望的，我希望的是你们应该坚强地面对事实，更真心地对待你周遭的人，更珍惜自己的生命啊！

（B）这三天，想到你，我不禁痛哭失声、睡不着觉，脑中一直在重复当天的情况，心中不断倒带，上课无法专心、内心很闷，充满害怕恐惧，有时甚至还会觉得你在身旁。

从今天起，以后想到你，我就会更努力地与家人表达我对他们的关心，也更重视生命，跟朋友也会彼此常关心对方，好好相处，对于每一件事都抱怀着感恩的心。

天堂的回信：谢谢你的关心，我走了，但不代表我不想你喔！我在这里过得很好，不要担心，我不希望因为我的死带给你一辈子的伤害。所以记住把你的心情平复下来，这样我才会走得安心。希望你想起我时，是以怀念一位老朋友的心情想起，而不是以悲伤的心情想起。我在这里过得很好，你也要过得快乐自在喔！而且要想我喔！我们永远是最亲密的朋友，要为我活得更认真、更快乐、更自由！

（C）这三天，我多么的难过，一想到你，每天睡觉都睡不着、吃饭都吃不下，读书时都会有恐惧，每天都在想你。

从今天起，想到你，我就会更努力，努力要自己珍惜身边的人，并且尊重自己的生命，不要让周遭的人有任何恐惧与害怕，努力让自己不要有任何要自杀的念头。

天堂的回信：我走了，我希望我的同学们都能够更坚强，能自己自动自发地读书，帮助有问题的同学，也希望你们能够收到这封信。而我在天堂过得很愉快，所以不用替我担心。

（D）这三天，每次想到你，心里真的很难过。吃不下饭、睡不着、没精神上课、精神恍惚、身体很疲倦。在晚上想到你，常会掉眼泪。上课常往你的座位上望去，少了你，班上似乎少了些什么，不知道。

从今天起，我会更珍惜生命，更加努力快乐地享受人生。你的死让我体会到生命的脆弱、人生的无常。所以我会比以前更加加倍的努力，珍惜身边和朋友、家人相处的任何时间，连你的份我也会帮你努力，加油！

天堂的回信：我又收到你们给我的信，我知道我的死对你们的影响很大。不过我还是希望你们能照顾好自己的身体，有事要跟父母说。你也要努力地走完你的人生，使你的人生多彩多姿。不留下任何遗憾，要更珍惜和每个人在一起的时间。想到我时请不要伤心，应该要多多做些对自己有意义的事情，答应我不要伤害了自己。

（E）这三天，每当想到你，我的心无法忘记你昏倒的样子。我甚至心中充满了彷徨，我将自己关在房中，对你的离开痛哭。我吃不下饭，我无法专心于任何事。

从今天起，我还是会想到你，但是不再是悲痛，而是对生命应该好好的把握。做任何事我该付出所有的心力，我要认真地读书，认真地过每一个时候。

天堂的回信：对于我的离开，带给大家那么大的影响，谢谢你对我所做的一切。但是我希望你能走出我的离开对你产生的影响，专心地过自己的日子吧！希望你能忘掉我，让我安心地去吧！

（F）这三天，我只要想到你，我就多么的难过、多么伤心。我每天不停地想到你，多么希望奇迹能出现在你身上。我到现在还是不停地祈祷，在想你有可能会活过来，我多么希望不要发生这种事。

从今天起，我只要想到你，我就更想去珍惜我身边的每一个人。多么希望带给他们许多回忆，多想去好好陪伴我身边的每一个人。

天堂的回信：△△谢谢你的祝福，虽然我们不再一起玩了，但我在这里很快乐，也交到许多朋友。我知道你们很舍不得我，但我在这里也很开心。不管我在哪里，我永远会一直陪伴你们，一起加油打气。所以你们也不要再难过了，要不然我也会很伤心的。请你帮我向妈妈、爸爸、妹妹问好，跟他们说我在这里过得很好，不用担心，我会好好照顾自己，如果有机会，我们再当好朋友。

E. 第五阶段：孩子们逐一对着空椅说出心语与祝福，有的简要、有的多语，有的用中文、有的用英文。女生会直接说"想你"，男生会以"I miss you！"替代，但表情语句都流露真情。有一女生哭诉不止，但字句由自悲而自强，特别请导师和辅导处老师多加关怀。据悉是一位已有创伤经验的隔代教养孩子。

2. 第二次班级团体治疗（D+9日）

全班同学如同第一次治疗地点、座位各自坐定，治疗师执行秩序管理及开场白，完成第二次治疗性关系的场面建构之后，立即展开团体治疗。

（1）第一阶段：复核心理创伤

治疗师摘述第一次的疗程，说明本次会面的目的，即开始复核每一位同学的创伤反应。

A．现在请每一个同学把眼睛闭起来，就像上次一样千万不要张开眼睛，确保自己和每一位同学都可以安心举手。谢谢！我要开始问了，有这些状况的同学，请举手。

（A）这个礼拜以来，从星期一到现在，在学校里还是想到△△同学，心里还是有些难过的人请举手？

（B）这个礼拜以来，不自觉地突然就会想到△△同学，而且常常这样的人，请举手？

（C）这个礼拜以来，为了△△同学，还是没法子专心上课的人，请举手？

（D）这个礼拜以来，晚上回家后，会想起△△同学，而吃不下饭的人，请举手？

（E）这个礼拜以来，晚上回家后，会想起△△同学，而无法写功课的人，请举手？

（F）这个礼拜以来，晚上回家后，会想起△△同学，而睡不着觉的人，请举手？

（G）还会做恶梦的人，请举手？

（H）还会害怕、恐惧的人请举手？

（2）第二阶段：公祭仪式的内化

治疗师以昨天大家参加△△同学公祭为引言，进行死亡经验的移植与普遍化的心理历程。

A. 曾经参加过丧事祭仪的人，请举手？

B. 第一次参加公祭的人，请举手？

C. 曾经参加过别的同学公祭的人，请举手？

D. 哦！请问这位同学，你什么时候参加过谁的丧礼，那个同学怎么了？

E. "呵！小六的同学，……被游览车撞死，天啊！……"

F. "你呢？小五的同学，……被汽车撞死……"

G. "你的呢？小四同学，他……被卡车撞死……"

治疗师总结说："大家又笑却又惊讶！原来有那么多人，小小年纪就意外身亡，且死亡的方式千奇百怪。昨天大家参加了△△同学的公祭，念了祭文也唱了一首歌给△△同学。学校里，校长也带领大家为△△同学默哀与祝祷，并且朗读和分发了校长忆念△△同学的信函。从上个星期一事情发生，到昨天公祭的结束，每个人都跌落伤悲，又从伤悲中勉励自己的人生。

（3）第三阶段：自我检和与创伤表出之文字治疗

治疗师协助学生，比较两周来心情的变化。一方面认识自己的改变，另一方面筛检需要帮助的同学。

A．现在请把你桌上 A4 的纸横摆，左右对折，左半边的角落写上"上周"。

右半边的角落为"本周"。请在"上周"那半边用条列方式，写出你上个礼拜的想法、心情与反应，然后在"本周"这半边写出这个礼拜以来，你的想法、心情和行为，有什么改变？你可以对照着写，尽量至少写 5 条，请开始写。

B．现在请把眼睛闭起来。笔尖放在纸张空白处，然后注意听，如果公祭结束后，到了今天，你的心情还是难以平静，需要老师来帮你忙解除你的悲伤，请你在纸上画个圆圈写下你的名字。如果，你没事，不需要别人帮忙，请你在纸上画个 X。好！请把纸张盖起来，张开眼睛，把纸张对折再对折像老师这样。

C．辅导老师念到名字的人请留下，其他人解散请回教室。

（4）综合解说

A．第一阶段：一开始大家都有举手，然后举手的人愈来愈少。最后几个问题，举手的就变成固定那几个人。

B．第二阶段：大家嘻嘻哈哈，轻轻松松地转化心情。

C．第三阶段：每个同学都慎重地写下他们的改变，只有一位拒写。比较表如下：

	上周的状态	本周的状态
1.	很伤心，很难过	不那么伤心，不会再闷闷不乐
2.	睡不着觉，有点怕怕的	不会睡不着觉，可以睡着了
3.	有点忧郁	心情平复
4.	吃不下饭	不会吃不下饭，回复食欲
5.	有点被吓到	办完公祭整个心情就变得好多了
6.	做事时有些迟疑	头脑不会迟疑了，做事专心
7.	心中不愉快	不再悲伤，心中有了欢笑
8.	头脑不停在想这件事	做事专心了
9.	心不在焉	
10.	有时晚上起来上厕所会想这件事	
11.	发呆时会想为何当时不帮她	发呆时不会再想了
12.	这件事对我的打击很大，我很伤心难过	偶而还会想她，但会提醒自己珍惜身边的人
13.	上课读书时没办法专心	偶而会分心，不像上周那么严重
14.	一直会想起她，突然会想起她	不常想到她
15.	有点害怕、恐惧	比较不会害怕恐惧，心情好多了，还有一点恐惧
16.	不敢相信这个事实，无法接受	比较可以接受这个事实
17.	看到她的座位，会感觉怪怪的	
18.	心里会怀疑她有没有去世	体会到生命的可贵
19.	回家都会伤心	不再那么伤心
20.	我很忧愁	不再忧愁
21.	会有恶梦闪过，会做恶梦	晚上不会再做恶梦
22.	脾气不好常会不高兴	脾气改善许多，不因小事烦闷
23.	肚子痛	肚子恢复了
24.	害怕有谁又会这样离开	不害怕了
25.	思念她	比较好点
26.	班上气氛变得怪怪的	班上气氛和以前一样，变得好活泼
27.	无时不刻想到她倒下的那一刻	珍惜生命
28.	感到空虚	
29.	不敢自己去房间读书，不敢自己去浴室洗澡以及独自睡觉	

（五）小团体心理治疗

1. 第一次小团体心理治疗（D+9 日）

在第 2 次班级治疗团体中，举手次数较多的 6 位男同学和 3 位女同学，以及 3 位女同学指名（和△△同学较友好的女同学）的 2 位女同学，在辅导处老师的陪同下，在小型的会议室接受小团体心理治疗。治疗师揭露深度情绪背后正向的心理连带关系，支持与肯定正向动机与负向情绪的价值关连。治疗师教授"情绪—手势—动机"的主动性情绪管理技巧。

（1）强度情绪的接受与正向心理连带关系的价值肯定

治疗师向大家说：

A. 现在坐在这里的人，都经历了强烈的思念与深度的悲伤。你们都是全班同学里举手最多次的人。老师很清楚地看到、感受到，我们在此的每一位同学，都把△△同学看得很重。不管在她生前，你有没有机会，常和她说话、做事、做功课，或一起读书、一起玩。我们都很喜欢她，把她当作身边"重要的"人。因为我们和她的感情特别好，特别的有缘分，所以我们的哀伤比别人更浓厚，我们对她的思念也比别人更强烈。

B. 老师要跟大家说：这些日子以来，所有的悲伤与难过，都是正常的、合理的、应该的、一定要的、不得不的。老师更要跟大家强调，所有的思念与不知所措，都是必须的、有价值的。因为有这些的哀伤，每个人才明白，她对自己有多重要。因为看到这么多同学的哀伤，我们才更清楚，她在同学们心中的份量。

（2）正向行为的转化与语言治疗

治疗师向大家说：

A．△△同学的好朋友都在这里，如果大家为了想念她而没法读书，没法过日子，△△同学知道的话，一定会感动，但会更心疼。你们说，她愿不愿意你们变成这样子？

B．而且，如果上帝知道，这么多人为了她而这样，那她会上天堂，还是下地狱？

C．我们要怎么做，她才会知道呢？

D．现在请大家牵起双手成一个圆圈，闭上眼睛，我们用3分钟的时间，告诉△△同学我们对她的思念。并告诉她，我们将做什么样子的努力，一定要帮她上天堂。请开始。

（3）动机治疗

治疗师教授：不被接受与不被控制的情绪出现时，如何立刻转移正向行为的技巧。治疗师说：

A．老师知道，有时候想到她，我们会祝福她，然后继续做该做的事。可是，有时候也可能想个不停，心中的悲伤无法停住，而让自己什么事都耽误了。

B．请大家伸出右手，从现在起，只要我们想起△△同学，我们就自然地握紧拳头。心里如果悲伤，就自动地把手掌张开，叹一口气"唉！"，然后立刻握拳竖起大拇指，向自己的心贴近，然后"吸气"、"挺胸"，点头颔首，说"嗯"！

C. 好，我们一起做一遍。"握拳"，这代表什么？好，张开双手"唉！"，这代表什么？好，竖起大拇指"嗯！"，这代表什么？

D. 请大家再自己练习一遍。

E. 请大家记住，从现在开始，只要我们想到△△同学，一定要比这个手势哦！这是天堂的手势哦！请让我们再比一次来祝福她和自己。开始！

F. 停，谢谢大家的祝福，回去以后别忘了"天堂手势"，我们下礼拜再见！

2. 第二次小团体心理治疗（D+17 日）

治疗师和 11 位同学与辅导处老师，在同一个地方再次相聚，大家都亲切地向治疗师问好。因为前三天露营，每位同学声音都沙哑且神情兴奋，表示这几天都没睡好。"班上同学玩得 High 不 High?"治疗师问，大家回答"很 High!""大家都没声音了！"。治疗师说：

（1）请大家闭起眼睛，安静下来。

（2）统整三阶段的悲伤历程

今天，距离△△出事到现在已经三个礼拜了。第一个礼拜，我们会很哀伤。第二个礼拜，我们会从哀伤中站起来，用正向的行为来表达我们的祝福。现在是第三个礼拜了，我们还是会想念她，但是我们更会祝福，更会把她当做我们心中力量与勇气的泉源。可是，我担心或许有些同学，还是会悲伤而无法自止。所以，我要检查大家的心理和行为反应。

（3）检查第三阶段的创伤与创伤表出仪式

请大家闭起眼睛，如果你有我念到的状况，请你举手。

A．第三周了，还会偶尔想起她的请举手？

B．想到她，心里就有些哀伤的人，请举手？

C．虽然哀伤，但是可以控制，马上又能继续做自己事的人，请举手？

D．那种哀伤，让你无法自制，停不下来，无法继续做事的人，请举手？

E．还会为了她，吃不下饭的人，请举手？

F．还会无法专心上课，写功课的人，请举手？

G．还会睡不着觉，或做恶梦的人，请举手？

H．还会恐惧害怕的人，请举手？

I．想到她的时候，那种难过，难过到走不出来的人，请举手？

J．想到她的时候，有办法把那种难过，转变成对她的祝福的人，请举手？

K．想到她的时候，能把对她的祝福，转变成自己生活的力量的人，请举手？

L．她的身影，总在脑袋里，挥之不去的人，请举手？

M．想到她的时候，有时候还是会哭个不停的人，请举手？

N．还是会想她，但是会祝福她，也会用她来勉励自己的人，请举手？

O．还是会为了她，无法和家人或同学相处的人，请举手？

P．你觉得弄不懂自己，搞不定自己，需要有人帮忙的人，请举手？

Q．你觉得自己已经好了起来，自己有能力照顾自己，不需要老师帮忙的人，请举手？

（4）三阶段创伤历程之文字治疗

治疗师请大家张开眼睛，复述三阶段创伤反应的心理历程后，治疗师说：

A．请拿起桌上的纸和笔。

B．分成三个题目，分别是"第一周"、"第二周"和"第三周"。

C．请你写出"第一周"你怎么了？再写出"第二周"你怎么了？最后再写出"第三周"你现在怎么了？分别写这三周你心情的变化，请开始！

（5）综合解说

A．第一次小团体心理治疗

（A）深度悲伤反应之集体认证

孩子们看到不只自己如此地想念与伤感，有其他 10 位男女同学也和我有一样的感觉。一样地喜欢她、在乎她、怀念她，尤其是大家都舍不得她。

（B）正向行为转化的集体语言治疗

孩子们都会（异口同声）一起回答，真诚的（表情）回答治疗师的问话。"不愿意"、"下地狱"、"我要……她才会上天堂！"。双手相连成大圆圈，然后闭眼说出祝福的话之时，每个同学都真诚地述说，还有人红着眼，还有人流着泪。

（C）动机治疗

孩子们很快学会天堂的手势，很快学会用特定的手势来标示与促进自己的感情和正向动机。

B．第二次小团体心理治疗

（A）统整三阶段的创伤心理历程

治疗师叙述时，每个人都专心而安静地聆听，并且都各自频频点头。亦即，延续的线性悲伤历程，已经由语言的认知，而在孩子心里划分出三个阶段性反应历程。

（B）创伤表出仪式

孩子们从 A 全部举手到 C，DEFGI 都没人举手，H 有两个男生一个女生举手，JK 全部都举手，LOP 没人举手，NQ 全部都举手，M 只有一个女生举手。治疗师刻意加入测谎题，并且运用语言问句，成功地引导孩子完成表出仪式的认知治疗。

（C）三阶段的文字治疗

孩子们都成功地把自己的创伤心理历程区分为三个阶段。而且都在三个阶段分别表达出"哀伤、平复、祝福"的三种质变。从孩子的文字表出中，很清楚地看到：每个孩子面临生命连带关系破坏时，各种类似而不同的创伤心理历程，以及他们真诚的感情与努力，尤其是心理重建的正向反应历程。治疗师摘录部分文句如后：

男生：

第一周——第一次同学的遭遇，我很害怕、难过、没胃口，无时无刻会想起，想起来又开始难过，总是上课看看她的座位。

第二周——已没有像第一周那样的悲伤和难过，心也渐渐地平复，但偶尔会想想她，饭也吃得比之前多了些，有时回头会不经意不刻意地看到她的座位，也就有些忧郁，但只是短短一分钟，我会在那短短一分钟里想起快乐时光。

第三周——去到外面呼吸些空气，心情平复，不再难过，而将难过转为力量，因充实，而不悲伤，打算让时间慢慢流逝掉。

女生：

第一周——第一周事情发生时，我很害怕也很难过，很伤心，不敢自己睡也不敢做任何和她有关的事，心情上非常悲伤，一直无法平复。

第二周——第二周时心情好了很多，也比较不怕了，只是还是一直无法接受，一直觉得她还活着，直到参加了她的公祭，我……才相信。

第三周——第三周时，已完全平复了心情，恢复往常的生活，只是偶尔看到她的座位才想起，不然一切完全正常，偶尔会想怎么可能一个好好的人就这样走了！让人难以置信。不过，这次露营我玩得很高兴，好像……都没想起她耶！

男生：

第一周——非常难过，吃不下饭，没心情玩电脑、没心情看电视，不想理家人，晚上再怎么想睡都睡不着，心中一直想着，我与她过去的种种欢乐，而且不相信她离开我们的事实。

第二周——我已经相信了她真的离开我们而去了，但是还是有点不相信她就这样走了，而还是一样，没心情玩电脑、没心情看电视、晚上睡不着，但是我已经会去理家人了。

第三周——要去露营时，我想到她没去，就觉得怪怪的，最近我吃得下饭，看得下电视，玩得下电脑，但是睡觉之前都会有点恐惧感，但还是没办法接受她已经去世的事实，心中万分不舍，很想再听到她的笑声，看看她的身影，跟她说说话。

女生：

第一周——听到她离开我们了，我那时非常难过，每天不知道自己做过了什么？情绪一直不稳定，只要望着她的座位，那种伤痛就会一直出现在我的脑海里，经常吃不下饭、睡不着觉，而且也失去了笑容。

第二周——我的脑海里不停地回想她发生的每一件事，无法停止。但那时朋友和同学都很关心我，有时也会逗我笑，那时我笑出来了，但笑到一半又想到她，我就停止笑了。

第三周——心情已能控制了，但有时还是无法控制。但现在我不会再像以前那样难过了，当我想到她时，我的脑海里都出现她对我们的好。而现在的同学也对我很好，也非常关心我，所以我会好好地从那个伤痛中爬出来的，谢谢老师。

男生：

第一周——同学的离去，对我是多么大的冲击，得知的心情，是如此复杂。一个好朋友就这样消失了，心里充满了无限的感伤和傍徨。

我难过，我为她的离去而哭泣，因为她是我的同学。

第二周——她的离去已成现实，我也尽自己的全力去接受它并淡忘它。我说过要以她的离去作为教训，以对她的感伤化做未来前进的力量，我要好好地珍惜我身边的大家，并对他们说"我爱你。"

第三周——现在的我已经逐渐习惯她的离去，虽然偶尔还是会想起她，但是我已可以将那份感伤化作对她的祝福。

女生：

第一周——知道这件事情的时候，觉得怎么可能会这样？来得太突然了，实在不能接受。非常伤心、难过，一直都在想她，做什么事情都会分心。

第二周——发觉她是真的离开我们，不会再回来了。觉得少了她很伤心，时常还是会想到她，但想到她时会更珍惜身边的亲人、朋友。

第三周——经过了一次露营之后，心情真的轻松许多了，不会再像以前一样，一直难过、一直分心，也会懂得亲人、朋友的重要，她在天上也会为我们高兴吧！

（六）特别心理治疗

唯一和"还会恐惧、害怕"牵手的女生，就是唯一和"哭个不停"牵手的女生，就是最后才完成"三阶段文字治疗"的女生，也就是第一次班级团体治疗之第五阶段"空椅告别与祝福"时，最后一位也是唯一一位大哭的女同学（隔代教养家庭已经历亲代死亡创伤），她最大的创伤与恐惧是"我不要，为什么我身边的人会突然死去？"、"我不要，我好怕，他们为什么要突然离开我？"

1. 强化自我治疗的能力和动力

治疗师以"我看到你……"叙述对她的"印象"，又请她叙述自我状态的改变，并以正向语言强力激励自我治疗的能力和动力。

2. 建构疗程

因为案主状况并无重大心理危机，而是新旧创伤经验的联结，发展出强烈的"自我不安全感"、"被抛弃感"与对"亲密人际关系的不安全感"，而导致"自我价值感"的破坏。这些创伤虽在康复中，但需要专业人员密切的协助。故现场洽请案主与辅导处老师同意，安排她们两位每周见面一次，连续四周，由辅导老师在学校另约时间地点给予四次心理辅导。如果另有突发状况，再与治疗师联络。

四、结论

这次校园中学生猝死事件，班级导师的反应与处置非常快速与正确，辅导主任也在当天中午立即与治疗师联络，所以才能在 D+2 日立即介入死亡创伤之治疗作业。重要的是各级主任与全校教师都能全体一心以孩子们的心理健康为重，而在校长的统领下立刻转为一支大型团队，共同守护孩子们稚嫩的心灵。

　　历时三周的治疗历程，辅导处两位老师在主任带领下，密切配合治疗师的治疗作业，提供了非常重要的援助。虽然，本操作模型中"校园死亡创伤治疗之起始与结束仪式"和"音乐治疗"两个互为一体的治疗项目，因故未能彻底执行，而全部浓缩在公祭日的时点一并实施。但整体的疗效，仍能贯穿"学校与家庭"、"教师与学生"、"学生与家长"，"直接创伤者间接创伤者"等四个系统，平息了校园内学生猝死事件所引发之集体个别直接与间接创伤经验。

　　同班同学在三个礼拜中，从死亡的创伤中，发展出生命的勇气与珍爱，却是最令人感动的"史实"。适切的心理治疗，能够把死亡创伤转化成生命教育的努力，这是本文提供操作模型的真正心意。期盼对于各校与各界先进，在类似死亡创伤事件的紧急处遇时，能有参考备用之价值。大家共同在实务工作中，发展与累积各级校园内，死亡创伤之治疗与生命教育之操作的各类实务经验，这是当代教育与心理治疗工作者的一大重任。

　　最后，笔者必须向这个班的同学们致敬。他们年纪虽小，却能够用行动与文字来宣告，他们是历经过死亡创伤的"生命的勇者"。不分男生女生，他们的真情挚爱，他们的悲伤与痛苦、勇敢与快乐，都让我们看到——中学生们，已经是有情有爱、有意志有勇气，能够真情地悲伤，更能够真诚地走出悲伤，创造生命新价值的"巨人"。

第三节　校园里小学生死亡创伤的处遇

一、前言

　　某小学五年级学生Ａ，于Ｄ日上午6时许离家前往网吧，8时许才到校。导师了解原委后，要载他回家换体育服装，并与家长商量孩子迷恋网吧事宜。行至车棚，孩子却已不知去向。9时许同班同学Ｂ，在四楼发现Ａ生。Ａ生已爬过栏杆，喊着"不要过来！"人却已往下滑。Ｂ生冲过去只抓到袖子，Ａ生也努力要攀住墙壁。可是，Ａ生下滑的力量太大了，袖子滑出Ｂ生的手，整个人掉了下去，当场头破血流脑浆外溢。现场急救后立即转送小区医院，再转送医学中心，而于下午四时许宣告不治死亡，造成全校师生面临失落感及经历死亡创伤的经验。因此，本文藉由此Ａ小学生不幸意外发生的事件，学校紧急处遇的模式，期以提供各级学校相关辅导咨询专家之参考及经验分享。

二、校园里小学生死亡创伤处遇模型

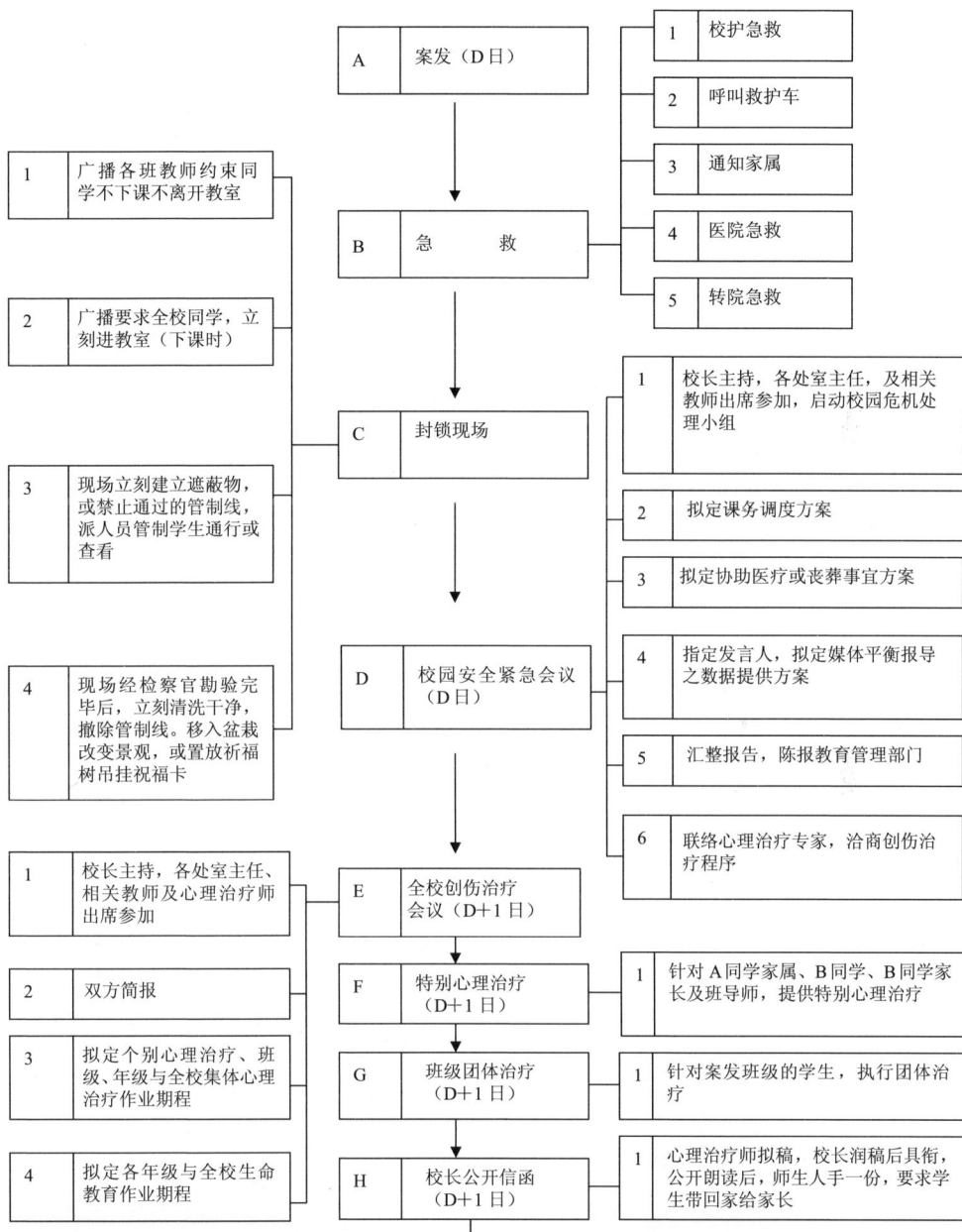

	A	案发（D日）

1	校护急救
2	呼叫救护车
3	通知家属
4	医院急救
5	转院急救

1	广播各班教师约束同学不下课不离开教室

	B	急　　救

2	广播要求全校同学，立刻进教室（下课时）

	C	封锁现场

1	校长主持，各处室主任，及相关教师出席参加，启动校园危机处理小组
2	拟定课务调度方案
3	拟定协助医疗或丧葬事宜方案

3	现场立刻建立遮蔽物，或禁止通过的管制线，派人员管制学生通行或查看

4	现场经检察官勘验完毕后，立刻清洗干净，撤除管制线。移入盆栽改变景观，或置放祈福树吊挂祝福卡

	D	校园安全紧急会议（D日）

4	指定发言人，拟定媒体平衡报导之数据提供方案
5	汇整报告，陈报教育管理部门
6	联络心理治疗专家，洽商创伤治疗程序

1	校长主持，各处室主任、相关教师及心理治疗师出席参加

	E	全校创伤治疗会议（D+1日）

2	双方简报

	F	特别心理治疗（D+1日）

1	针对A同学家属、B同学、B同学家长及班导师，提供特别心理治疗

3	拟定个别心理治疗、班级、年级与全校集体心理治疗作业期程

	G	班级团体治疗（D+1日）

1	针对案发班级的学生，执行团体治疗

4	拟定各年级与全校生命教育作业期程

	H	校长公开信函（D+1日）

1	心理治疗师拟稿，校长润稿后具衔，公开朗读后，师生人手一份，要求学生带回家给家长

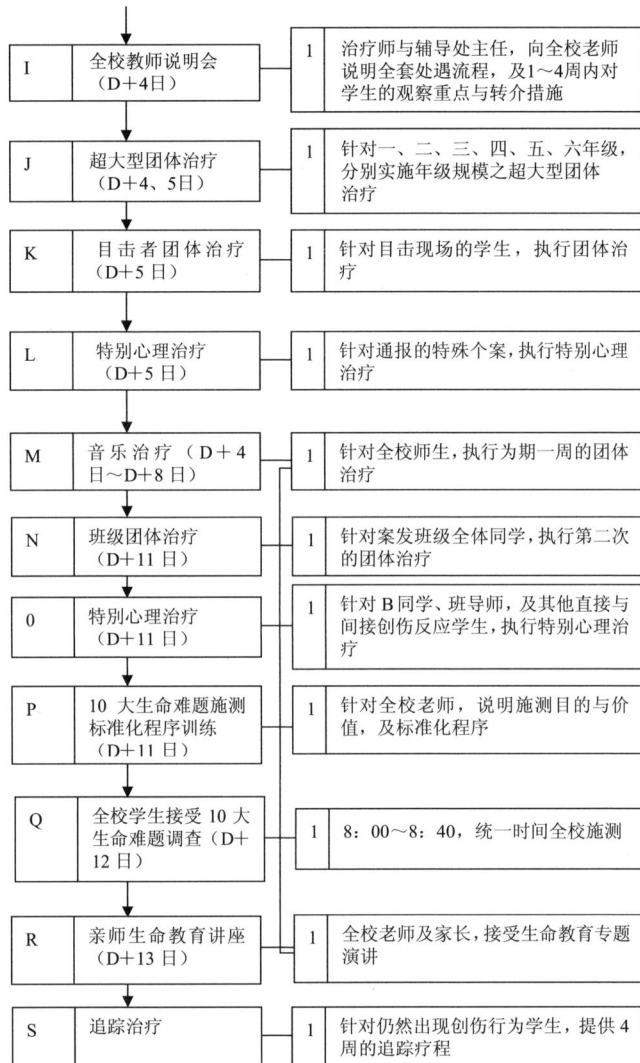

I	全校教师说明会 （D+4日）	1	治疗师与辅导处主任，向全校老师说明全套处遇流程，及1~4周内对学生的观察重点与转介措施
J	超大型团体治疗 （D+4、5日）	1	针对一、二、三、四、五、六年级，分别实施年级规模之超大型团体治疗
K	目击者团体治疗 （D+5日）	1	针对目击现场的学生，执行团体治疗
L	特别心理治疗 （D+5日）	1	针对通报的特殊个案，执行特别心理治疗
M	音乐治疗（D+4日~D+8日）	1	针对全校师生，执行为期一周的团体治疗
N	班级团体治疗 （D+11日）	1	针对案发班级全体同学，执行第二次的团体治疗
O	特别心理治疗 （D+11日）	1	针对B同学、班导师，及其他直接与间接创伤反应学生，执行特别心理治疗
P	10大生命难题施测标准化程序训练 （D+11日）	1	针对全校老师，说明施测目的与价值，及标准化程序
Q	全校学生接受10大生命难题调查（D+12日）	1	8：00~8：40，统一时间全校施测
R	亲师生命教育讲座 （D+13日）	1	全校老师及家长，接受生命教育专题演讲
S	追踪治疗	1	针对仍然出现创伤行为学生，提供4周的追踪疗程

三、疗程解析

从 A 至 E 共计五个阶段，校方应在事发当天（D 日）或 D+1 日，完成行政决策与记录，并于 D 日或 D+1 日，尽速展开创伤治疗作业。第 1、2 周是创伤心理治疗的黄金期，第 3、4 周是追踪治疗的黄金期。第 1、2 周未执行心理治疗，心理创伤将被掩埋在人格与记忆之中，而与早期的创伤经验串连成"原始创伤"，并将由日后任一创伤事件引爆。追踪治疗未延续操作，将使得"慢发型"延宕型创伤性反应的个案，丧失心理治疗的机会。

（一）特别心理治疗

治疗师莅校召开紧急会议后，立即针对班级导师、学生 B、学生 B 家长，执行个别的特别心理治疗。学生 A 家长未便安排，故取消治疗计划。

1. 治疗目标

（1）创伤事件表出

（2）创伤心理表出

（3）创伤心理引发之反应性行为的见证

（4）反应性行为的重建与创伤心理重建

2. 治疗结果

（1）班级导师与 B 生家长，均完成治疗目标。

（2）B 生自责的念头强大，同学们多方询问事发经过，更造成严重地流泪反应。治疗师将于班级团体治疗时，引导全班同学为其解除"同学们不谅解或怪罪我"的心头大患。

（二）班级团体治疗

治疗师针对 A 生全班同学，于视听教室进行班级团体治疗，班导师及辅导处老师陪同观察记录。

1. 现场重建：目标→创伤事件集体表出。治疗师一边询问关系人，一边仿真演出现场流程。期以协助班上同学，渡过创伤事件的"否定期"。

2. 检核创伤心理与引发反应性行为：目标→表出与共证。治疗师要求大家闭眼低头趴在桌上，听到叙述句子时举手反应。

（1）昨天在学校，听到 A 同学的恶讯，立即伤心哭泣的请举手？

（2）昨天在学校，看到 A 同学的座位，就会悲伤难过的请举手？

（3）昨天在学校，一听到别人谈论 A 同学的事，就会悲伤难过的请举手？

（4）昨天回家后，有和父母家人谈到 A 同学事情的人，请举手？

（5）昨天回家后，没和任何人谈起 A 同学的事的人，请举手？

（6）昨天回家后，吃不下饭的人，请举手？

（7）昨天回家后，不太想和家人谈话的人，请举手？

（8）昨天回家后，因为 A 同学的事，没心情写功课的人，请举手？

（9）昨天回家后，因为 A 同学的事，没心情去补习的人，请举手？

（10）昨天回家后，因为 A 同学的事，睡不着觉的人，请举手？

（11）昨天回家后，因为 A 同学的事，做恶梦的人，请举手？

（12）昨天回家后，因为 A 同学的事，在家里哭的人，请举手？

（13）今天来学校，想到 A 同学的事，还是会悲伤哭泣的人，请举手？

（14）今天来学校，看到 A 同学的座位，心里还是悲伤难过的人，请举手？

（15）今天来学校，因为 A 同学的事，没心情上课的人请举手？

以上 15 个问题，举手比例从 100%，一直递减到 70%。最严重的第（12）题、第（13）题，尤其是第（5）题，举手的人都由导师登录列管。

治疗师宣布"刚才，大部分的问题，大部分的同学都举手了。因为大家都很有爱心和同情心，所以 A 同学的去世，才会让每一个同学都这么伤心与哭泣。如果你会悲伤、会哭、会生气、会舍不得、会问为什么？这些都是正常的情绪反应。如果你会吃不下饭、睡不着觉、读不下书、不想理人、或是躲起来生闷气，这些也都是正常的行为反应。因为我们不愿意身边的同学或朋友，遭遇这种可怕的意外，所以我们会有这些心情和行为反应。不过，只要每个同学都能够学会，把悲伤变成祝福，把哭泣变成勉励。那么 A 同学就没有白死，我们的悲伤与哭泣就会慢慢消失。

"请大家闭眼低头趴下"，治疗师又说：

（16）知道不可以攀爬栏杆的人，请举手？

（17）因为 A 同学的事，知道更努力爱惜自己生命的人请举手？

（18）心里如果有问题，知道要向父母或师长求助的请举手？

（19）A同学的事让你很悲伤，但是你愿意祝福他幸福快乐的人，请举手？

（20）A同学的事让你很悲伤，但是你觉得自己还应付得来，你自己会慢慢平复的人，请举手？

（21）A同学的事让你很悲伤，你觉得你控制不了自己，你需要别人帮忙的人，请举手？

第（16）～（20）题都是100%举手，（21）题没人举手。

1. 文字治疗：目标→动机的表出，包括对A同学和B同学。

治疗师说："每个同学请把手上的纸对折，纸的上半部第一行请写信给在天堂的A同学。信的第一段，请你告诉他因为他的去世，让你和同学们怎么了？第二段请告诉他，以后该怎样才对，并且祝福他。第三段请告诉他，你会如何努力和加油！"

大家写的差不多的时候，治疗师又说："现在我们要用这张纸的下半部，写信给B同学。（哗然！）B同学想救他却没救成，请问如果是你会不会很难过？（会！）我们班导师和B同学，都非常难过！尤其是B同学，昨天大家都问他，他被问一次就哭一次。今天呢？别班的又都来问他，他又哭了一早上。请你们告诉B同学你对他的想法，请你安慰B同学！"。

以下摘录B同学写的信（第1封），及其他五位同学的信函（第2～6封）。

（1）A：给A同学的信

A 从昨天的表情怪怪的，他昨天就跳下来，他这种行为是每个人不该有的举动，我从昨天开始为他哭，整天都在哭，而今天也是，我们班的人现在开始怀念 A，而且整天都在想你的案发现场的地方。我们也是你的朋友，你怎能这样就跳了。你家长很伤心，而且连续为了你的事而一直去警察局。你跳的那一天，我晚上还去做笔录，第二天检查官还特地来警察局来做笔录。你这样做的动作是危险动作，也会破坏学校的名誉。而且大家为了你的事而伤心难过，说不定下次也有像你这样的人越爬越高，而又让大家的心情起了很多变化，希望你记得我写的这些话，谢谢。

B：给 B 同学的信：

其实那件事也让我很难过，因为他那天的心情跟平常不一样，他跳下去的时候，我自己也很自责，为什么没救了他。而且心里不安，怕 A 会托梦给我，我心里也很怕。而且心里也想了很多方式很想救他，结果一切都来不及了。我也对 A 的家长也很抱歉，所以我在这个立场说"对不起"。

（2）A：给 A 同学的信

你怎么那么傻，网吧？那地方算啥？只不过一群人凑热闹而已，家里那台电脑这么美，何必跳楼呢？你知道吗？自从你受伤后，班上不是哭，就是折纸鹤，连慧涓都在哭。我们听见你过世的消息时，哭了一节课。班上有人不是没食欲，就是做恶梦，都是你害的。希望你轮回后，不会像今生般的不幸，还有别再像昨天一样这么傻，否则再遇到，我就揍死你。拜拜～ 祝你在那个世界过得幸福。

B：给 B 同学的信

别伤心了，人早死晚死不都要死，你一定要勇敢，本班精神支柱，连你都倒了，我们呢？ A 的身体虽然已死，却永远存在我们的心中。

（3）A：给 A 同学的信

你真的不应该只因为怕被老师骂而跑到四楼，你有没有想过如果你跳下去，我们会多难过？你知道当你跳下去的时候，我知道了这件事哭得多伤心，心里很难过，中午的时候午餐吃不下去，下午还一直哭。回到家里，看到新闻，又对电视哭了一次。晚上睡觉时还做恶梦惊醒，看到△△楼还会害怕。你有没有想过到网吧这危险的地方会不会影响到你，跑到四楼没三思而行，就这样跳下去了，你付出的代价太大了。虽然事情已经发生，我还是希望你在另一个世界能够快乐。这件事让我了解生命的可贵，知道做人不能冲动，A 同学我会永远记着你。

B：给 B 同学的信

希望你不要太难过，我知道你没救到 A 同学很自责，但这是 A 同学选的路，我们也不能改变，就希望你一定要勇敢要坚强。

（4）A：给 A 同学的信

昨天你为什么跳楼？你知道我有多难过，我看到你的血，我就吓一大跳，你害我吃不下饭，一直很想念你，一直哭。老师哭着说你已经走了，去我们看不到的另一个地方，已经死了，没救了，心脏不动了。我们全班同学都哭得很惨，你为什么要这样，害我们担心难过，可是已经来不及了。今天我们看到你的座位都很想哭，老师也想哭，因为医生说救不了你了。所以我们看到你死，我也很想陪你一起跳，全班很想跟你一起跳，可是你已经先走了。可是你在天上也祝你快快乐乐，开开心心，在天上幸福，你等我们老了死了就会去天上陪伴你的。

B：给 B 同学的信

你不要难过了，你看到 A 同学跳楼也不要难过了，因为 A 同学死是他的自由，所以不要哭了。A 同学跟我们做五年的好朋友，他的未来已经没了，可是你也不要太难过太痛苦。他是我们班顽皮捣蛋的人，也很爱搞笑的人物，可是他死了我们班已经少一个人。你把这件事忘掉就好了，你已经很勇敢，不要再哭了。

（5）A：给 A 同学的信

我很难过，你知道吗？我们全班都很想你。我一看到你的座位就会想起你。而且昨天我都睡不着觉，到最后才睡着。睡着后，隔天我起来，阿妈跟我说我又梦游了。而且老师跟我们全班公布说你已经上天堂了，你害我们全班一直哭一直哭，回家后我去安亲班又哭。所以你不可以这样做，而且回家后，看新闻我又哭了。今天我来学校因为主任的安慰，我们全班就哭了。你看因为你的事，害我们班一直哭，不知道已经哭了多少次了。所以以后投胎不要再做那种事了，不然我们又要伤心了，OK？

B：给 B 同学的信

你不要难过了，你不要因为没救到 A 同学而自责，所以你没错，因为你也有尽到最大的责任啊！所以别难过了，不然会哭坏身体。

（6）A：给 A 同学的信

不希望 A 同学做这件事情，因为教室没有你一点也不好笑，没有趣，你知道吗？你昨天从四楼跳下来去世，害我们同学和老师很伤心难过，睡不着觉会怕。你在跳前为什么不三思而后行，你做了一件傻事，不要以为这样做是一件小事，你看看自己这样做好吗？你做了这件事后，我知道失去一位朋友，这么重要也知道性命很重要。希望你在天堂快快乐乐过着。

B：给 B 同学的信

B 同学你不要难过，这件事就忘了，又不是你的错，是 A 同学选定的，你一定要坚强不要再自责了。

4. 同辈治疗：目标→运用同侪的同理与慰藉，来解除 B 同学的心结。

"写完的人，请到这边排队，带着你写的信哦！"治疗师请 B 同学坐在走道的独立椅上，班导师坐在后面五步的椅子，并宣布"请写完的人来这里排队，然后我拍你肩膀的时候，你就向前五步走到 B 同学面前，把你刚才写的说给他听，告诉他别这么难过了！你还可以握握他的手喔！""说完以后，你就把信交给班导师，然后直接回教室。开始，第一位'拍肩'去！"

接下来是最奇妙而温馨的场面，只见男男女女同学，或大方或腼腆地去安慰他，握他手，摇他手臂和肩膀。又见 B 同学，时而点头时而哭泣，时而拭泪时而破涕为笑。治疗师最后又趋前握他双手，释放他对同学的疑虑"大家是不是怀疑我或怪我……"

（三）校长公开信函

治疗师撰稿，再由校长润稿后，D+1 日放学前，印发每一位师生。并公开朗读后，要求每位学生带回家给家长。信函的目的在于：统一说明事件的原委，公开大家都可能出现的情绪与反应，正面解说这种情绪与反应的价值，统一如何追思与悼念的行动，强化家长正向的机会教育。信函如下文：

给亲、师、生的祝祷：

我应该说大家平安，可是知道，大家的心里都很悲伤，身为校长，我的心情更是难以平复，彻夜未眠！

昨天，是我们学校最悲伤的日子。因为，△年△班的 A 同学去世了。现在，请全校师生双手合十，让我们默祷 1 分钟，祝福 A 同学在天之灵，能够安详与幸福。请双手合十，闭眼默哀"开始"～"好""请张开眼睛，手放下！"

昨天早上六点多，A 同学从家里出门，就跑到网吧去玩，直到八点多才到校。老师要带他回家换体育服装时，他却躲了起来。九点多当班上同学找到他时，他却从四楼失足坠楼，经过紧急急救、送医，下午四点多，长庚医院宣布 A 同学往生。

恶讯传来，我和全校老师悲伤不已。A 同学的导师和同班同学，

更是哀恸而无法相信"真的吗？A同学去世了！"。昨天晚上，甚至今天或明天有很多人都会想到A同学。没错，我们想念他，因为他是我们的学生、我们的同学。我们知道他不该去网吧，不该躲起来，更不该从四楼跳下去。我们都知道，我们不可以像他一样。A同学的死亡，让我们更知道警惕，更知道要认真读书，更爱惜父母家人和老师与同学的情谊。

各位同学，我们在一起，一起追悼A同学，我们一定要让他的在天之灵知道，全校的同学们绝对不会再犯和他一样的错，他这辈子来不及学习的知识，来不及报答的父母恩情，来不及享受的同窗情谊，我们都会更用心地为他完成、替他完成。

各位老师，我们在一起悼念A同学。今天起，我们将更用心疼爱每一个学生，相信他们的好，原谅他们的不好。老师们，收拾起悲恸的心情吧！让我们更努力地守护我们身边的每一个孩子。

各位家长，当你的孩子把这信函交到你手上的时候，请你抱着你的孩子，告诉他"我爱你""我需要你""不管遇到什么事，绝对不可以做傻事""孩子，你一定要珍惜自己的生命，我们好爱你！"请求您集合全家人，一起为A同学默祷，一起祝福A同学的父母家人。

天呀！A同学的父母家人，他们该是多么的痛苦啊！所有的同学们一定要记得——校长、每一位老师、每一位家长，都非常的疼爱你。不管你遇到什么困难，我们都愿意帮你解决！请答应校长，不管怎样，都不能做傻事！

祝福全校师生和每一个人的家人，希望我们都有能力帮助自己，帮助别人，并且懂得求助。祝福 A 同学与他的家人，请大家答应校长：一定要爱惜自己的生命，加油哟！一定要坚强！要幸福哟！

△△小学　校长 ○○○

（四）全校教师说明会

D 日为星期四，D+2 日起即为周末周日假期。故于 D+4 日星期一上午，即于教师晨会时间，执行全校教师说明会。全校教师手上都收到本案紧急处遇程序表，音乐治疗曲目歌词，天使专线宣传单张。

治疗师向全校教师说明处遇疗程，并提示儿童校园重大创伤后的压力反应的征兆，让老师于学生上下课时，能注意观察并提报辅导处协助处理。治疗师又说明音乐治疗程序与目的，请老师们以积极的态度配合。治疗师揭示并说明天使专线宣传单张，并教授各班导师发送同学人手一份后，如何以"指导语"为孩子"绑上最后一条安全带"，如何为孩子建构一条"求助的通路"。

天使专线宣传单张文案如下：

享受亲情·发展友情·珍惜爱情

0800-555-911

天使专线·台湾儿童少年自杀防治专线

任何心思意念　任何行为困扰
任何不平不义　任何不知不了
任何哀伤苦闷　任何气愤怒恼
都请拨打 **天 使 专 线 0800 – 555 - 911**

因为我们尽全力
尊重儿童的每一个行为
接受少年的每一种情绪
激励孩子优雅的意念与品味

因为我们用真心
聆听您的声音而不打断你的言语
接纳您的心意而不批评你的想法
肯定您的改变而不怀疑你的真情

不管发生什么事·有什么想法
大事小事·好事坏事·有心无心·善意恶意
别人逼的·不小心的·不得不的·一定要的

我是您的守护天使（每天下午四点～十点）
这是你的专线 0800 – 555 - 911 天使专线

台湾自杀防治协会
地址：高雄市三民区水源路16号6F之1　电话：07-3850381 传真：073700913
邮拨账号：42181777

建立求助通路的"指导语"如下：

各位同学：每个人都会遇到一些难题，有些难题是自己可以解决的，可是有些难题却是自己解决不了的。如果，你遇到自己解决不了的难题时，你该怎么办呢？请你记住，老师和你们的父母，是全世界最关心你，最愿意帮你解决难题的人。如果，你不方便向父母讲，你可以来找老师，找我或找别的老师，或找辅导处的老师。每位老师，都会用心帮你解决你的难题。万一，你也不方便向老师讲的话，请你记住这个电话号码 0800-555-911 天使专线，这是为你们设立的免费专线，每天下午 4 ～ 10 点，全年无休，都有天使老师在电话的那一边等着帮你。回家后，把这张宣传单贴在明显的地方。请答应老师，你解决不了的难题，不一定别人也解决不了。帮不了自己或帮不了别人的时候，请一定要找父母或老师帮忙。请答应老师，至少你可以打这个天使专线。记住，不管是什么原因，都不可以做傻事。台湾天使专线的电话是 0800-555-911。

（五）超大型（年级）团体治疗

治疗师于 D+4 日上午，分别针对六、五、四年级学生，于体育馆进行三梯次年级团体治疗。又于 D+5 日上午，分别针对三、二、一年级学生，进行三梯次年级团体治疗。每年级有 13 ～ 14 班，学生各约 300 ～ 400 人之间。各班导师带队至体育馆后，由辅导处老师整队成密实之∏字形。并要求每个学生，带着早上已发放的歌词。学生进场时，音控台即已播放音乐治疗曲目：《永远的画面》。

1. 暖场：目标→以声音的表出来建立治疗性关系

治疗师站在∏队形缺口中央，开口问："你们是几年级的？""你们的反应好不好？""看我的（高举）手，手指比多少？立刻念出来"

手指比 1，比 2，比 3，比 4 "很好，考验要开始了。注意，当我手指比 5 的时候，你们就大声叫。当我手指握拳的时候，你们要立刻闭嘴巴。会不会玩，跟不跟得上，准备……"手指比 5（全场大叫），手指握拳（全场闭嘴，但有放炮声）。治疗师趋近放炮声位置，指着说"谁？谁？"治疗师大喊"先看右边的同学厉不厉害，准备……"手比 2，右区同学大叫又停，全场大笑。治疗师说："嘿！嘿！准备……"手比 5，右区同学大叫。手握拳，右区同学闭嘴。治疗师快速比 5、握拳、比 5、握拳，右区同学反应敏捷而整齐，"太好了，所有的同学掌声鼓励！"治疗师引导大家鼓掌。然后试验左区同学，再试验中区同学，最后三区同学一起大叫、闭嘴、大叫、闭嘴……治疗师大喊"掌声鼓励"再接"爱的鼓励一起来"完成整个声音表出与治疗性关系的建构。

2. 语言治疗：目标→共相情绪表出及正向动机引导

"当我念出""吧布！吧布！"咒语的时候，你们就会变成我，和我说一样的话，做一样的动作！"治疗师环视所有学生，大叫"吧布！吧布！"双手高举，然后，用动作引导每一个人都高举双手。"上个礼拜"治疗师右手斜举，所有同学跟着斜举右手复诵"上个礼拜"。治疗师接着以夸张的动作和生动的脸部表情，引导全场学生跟着比划跟着复诵下列语言：

（1）我们学校，发生了一件悲惨的事！

（2）五年级的一个同学，早上 9 点多的时候，不小心，爬上四楼的栏杆，然后掉了下来。

（3）摔成重伤，头破血流，好可怜！

（4）紧急送到医院急救，不幸，在下午四点多，去世了！

（5）他的家人，好痛苦呀！

（6）校长和全校的老师，好悲伤呀！

（7）他们班上的导师和同学，统统都哭了！

（8）全校的同学，知道这个消息，也都非常难过！非常、非常难过！

（9）虽然，大部分同学不认识 A 同学，可是因为他是我们同一所学校的学生，因为我们都有爱心和同情心。所以，我们也会感到悲伤、生气或者流下眼泪来。

（10）因为，这不幸的事，让我们告诉自己。绝对不可以爬栏杆，一定要爱惜自己的生命。

（11）要把伤心变成祝福，祝福 A 同学，在天堂里，不要再爬栏杆，要珍惜自己的生命。

（12）当我说"吧吧！布布！"的时候，每个人就变回自己，不再学我说话做动作。

"吧吧！布布！"

3. 创伤心理与行为的检核：目标→概化创伤心理并予集体表出

"闭起眼睛，低下头。接下来，我会问大家一些问题，如果你有我说的情形，请你举起手来。注意，闭眼低头，不可以偷看，不要干扰到别人，每个人都可以放心地举手"治疗师另请各班导师，记录各问题举手的同学姓名，以加强生活辅导。问题如下：

（1）昨天在学校，听到 A 同学的恶讯，立即伤心哭泣的请举手？

（2）昨天在学校，看到 A 同学的座位，就会悲伤难过的请举手？

（3）昨天在学校，一听到别人谈论 A 同学的事，就会悲伤难过的请举手？

（4）昨天回家后，有和父母家人谈到 A 同学事情的人，请举手？

（5）昨天回家后，没和任何人谈起 A 同学的事的人，请举手？

（6）昨天回家后，吃不下饭的人，请举手？

（7）昨天回家后，不太想和家人谈话的人，请举手？

（8）昨天回家后，因为 A 同学的事，没心情写功课的人，请举手？

（9）昨天回家后，因为 A 同学的事，没心情去补习的人，请举手？

（10）昨天回家后，因为 A 同学的事，睡不着觉的人，请举手？

（11）昨天回家后，因为 A 同学的事，做恶梦的人，请举手？

（12）昨天回家后，因为 A 同学的事，在家里哭的人，请举手？

（13）今天来学校，想到 A 同学的事，还是会悲伤哭泣的人，请举手？

（14）今天来学校，看到 A 同学的座位，心里还是悲伤难过的人，请举手？

（15）今天来学校，因为 A 同学的事，没心情上课的人请举手？

以上 15 个问题，举手比例从 100%，一直递减到 75%。最严重的第（12）题、第（13）题，尤其是第（5）题，举手的人都由导师登录列管。

治疗师宣布"刚才，大部分的问题，大部分的同学都举手了。因为大家都很有爱心和同情心，所以A同学的去世，才会让每一个同学都这么伤心与哭泣。如果你会悲伤、会哭、会生气、会舍不得、会问为什么？这些都是正常的情绪反应。如果你会吃不下饭、睡不着觉、读不下书、不想理人、或是躲起来生闷气，这些也都是正常的行为反应。因为我们不愿意身边的同学或朋友，遭遇这种可怕的意外，所以我们会有这些心情和行为反应。不过，只要每个同学都能够学会，把悲伤变成祝福，把哭泣变成勉励。那么A同学就没有白死，我们的悲伤与哭泣就会慢慢地消失。"

"请大家闭眼低头趴下"，治疗师又说：

（1）知道不可以攀爬栏杆的人，请举手？

（2）因为A同学的事，知道更努力爱惜自己生命的人请举手？

（3）心里如果有问题，知道要向父母或师长求助的请举手？

（4）A同学的事让你很悲伤，但是你愿意祝福他幸福快乐的人，请举手？

（5）A同学的事让你很悲伤，但是你觉得自己还应付得来，你自己会慢慢平复的人，请举手？

（6）A同学的事让你很悲伤，你觉得你控制不了自己，你需要别人帮忙的人，请举手？

4. 音乐治疗：目标→集体音乐治疗

"今天开始，每天第二节下课时，学校会播放《永远的画面》这首歌，让大家一起来追思与祝福 A 同学。请记住，如果你会怀念或想要祝福 A 同学，每天第二节下课，你就站到走廊上，听这首歌，或者一起唱这首歌。"治疗师又说"请拿出歌词，我们跟着音乐唱一遍，音乐！"

音乐先大声再转小声，让歌声凸显出来。治疗师带动全场"大声""再大声""举起右手一起挥手""举左手一起挥手""双手一起挥手""被我指到的区域，一起喊"A 同学再见！"指右区，指左区，指全区"大家手搭肩，摇摆""大声唱""一起说'A 同学，再见！'"。

5. 天使专线：目标→叮咛求助管道

治疗师说："如果，你心里有解决不了的难题，先要向谁求助？（父母）或者向谁求助？（老师），或者你可以打什么专线（天使专线），电话号码一起念一遍"0800-555-911"。

（六）目击者团体治疗：目标→场面重建、情绪表出与建立行为反应路径

班导师带着各班目击现场同学到达体育馆，成员包括各年级学生，来了将近 170 人左右。学校于案发当时，立刻要求各班不下课，约束学生留在教室。但仍有众多学生，目击现场血肉斑斑场景。

1. 现场重建：目标→统整事件流程，建构集体经验，概化个人的

意念与情绪治疗师逐一询问各年级各小群人目击事件内容，有的人看到从楼上掉下来的整个过程，有的人看到攀爬的过程，有的人看到躺在地上头破血流、白色脑浆四溢，有的人刚好在走廊，有的人在窗边，有的班刚好在楼下搬土，有的班刚好整班从别处走过来，有的人跑过来看的，有的人在楼梯上看的……

治疗师重新叙述加总起来的整个过程，早上九点多从四楼掉下来重伤未死，大家都看到现场急救的场面，救护车送小区医院急救，又转送医学中心急救，下午四点多宣告死亡。

2. 重建反应性行为之共同路径：目标→转化创伤心理导向音乐治疗。

治疗师询问大家"家里曾经有长辈或亲人去世的人请举手""现在还会怀念他们的人请举手"，然后说"许多同学都有长辈或亲人去世的经验，也都很有感情，还会怀念他们，大家都很孝顺很好！""虽然我们都不是 A 同学的亲人（有小孩举手说是他堂兄）可是我们看到他受伤严重的样子，心里还是会为他难过，还是会想起他受伤的模样。"

"因为我们都是很有爱心的人，所以，我们要比别人更用心来祝福同学。想到他的时候，要把悲伤变成勇气，告诉自己：A 同学需要的是祝福而不是眼泪。"

"所以，每天第二节下课的时候，我们每一个人，都要站到走廊上，一起唱歌祝福他，并且和他告别。"治疗师要大家拿出歌词"现在我们一起唱一遍，一起祝福 A 同学""治疗师带动大家挥手，搭肩，摇摆，歌声动作温馨感人"，并带领大家复诵求助的三个路径，以及天使专线的号码。

（七）特别心理治疗

治疗师针对班导师通报的创伤个案，执行特别心理治疗。

（八）音乐治疗

从 D+4 日起，至 D+8 日结束，选用曲目为《永远的画面》。歌词如下：

永远的画面

唱：张惠妹　词：廖莹如　曲：郭文贤

就要离别　勇敢的流泪　而你的眼神超越了语言
不说再见　我们却了解　分开了不代表会改变

谁需要谁　白云和蓝天　依偎才有美好的画面
大风一吹　离得并不远　下次见面以前都记得那感觉

芳草碧连天　固执的季节
寒冬一过　还有春天　希望永不凋谢
芳草碧连天　永远的画面

当我想念　闭上双眼　你在（我）心里面
离别以前　已开始想念　让期待紧紧连结这一切
走慢一点　不管有多远　放不下就代表不会变

D+4 日（周一）音乐治疗起始日，第二节下课后全校师生集合于

走廊列队，由辅导室主任朗读以下指导语：

> 　　各位老师各位同学，A 同学离开我们已经四天了，校长、老师们，还有许多同学都很怀念他。我们大家互相约定——绝不做傻事，我们大家也共同祝福——希望 A 同学能够很安祥。为了表达全校师生的想念，今天开始每天早上第二堂课下课时，我们都会播放《永远的画面》这首歌。每天播放这首歌时，请大家一起哼一起唱，这是我们共同怀念 A 同学的时间，其他时间请大家要用功读书。
> 　　现在，我们一起唱一遍。唱完后请自动解散。
> 　　预备，开始，解散。

　　然后播放音乐，由两位学生带唱，并请全校师生拿出歌词，一起用歌声祝福 A 同学。

　　周二～周四则定时播放音乐，不集合齐唱，但事发班级及目击的班级，均至走廊带唱。周五第二节下课后，又集合全校师生于走廊，由辅导室主任朗读以下指导语：

> 　　各位老师、各位小朋友，大家好！
> 　　上个礼拜，△年级△班 A 同学，意外而过世了！从这个礼拜起，每天第二节下课，我们都播放《永远的画面》这首歌，一起来悼念 A 同学。
> 　　这个礼拜以来，我们看到许多认识或不认识 A 同学的老师或学生，都在第二节下课时，一起哼唱这首歌，一起祝福 A 同学和他的家人。让我们感到全校师生温暖的爱心！
> 　　今天，我们要一起向 A 同学说再见了。等一下，我们全校师生一起唱这首歌，唱完以后，下礼拜就不再播放这首歌了。唱完以后，我们要收起忧伤的心，勇敢地告别 A 同学、祝福 A 同学！然后用功读书，珍惜自己的生命！现在，请大家最后一次合唱这首歌，唱完后请自行解散。
> 　　预备，开始～

然后播放音乐，由全校师生齐唱，一起用歌声向 A 同学告别，必唱出永远的追思与祝福。下周起，不再播放音乐，音乐治疗结束。

（九）班级团体治疗

治疗师针对案发班级，于 D+11 日执行第二次团体治疗，疗程以检核创伤心理与反应性行为为主，程序同第一次。绝大部分学生都已恢复平静，只有两位仍有状况，敦请辅导处再予观察。

（十）特别心理治疗

治疗师针对 B 生及导师，于 D+11 日执行第二次团体治疗。两人均已恢复如昔，并无显著之创伤后压力症状。

治疗师针对本周新发现个案，提供初次之特别心理治疗。A 个案为小二女生，她以 A 同学的死亡事件，引发其对爷爷奶奶过去的原始创伤，开始每天想阿公阿婆想得伤心难过，而且秘而不宣不愿让父母知道。B 个案为小一女生，是 A 生安亲班的同学，因为 A 生在安亲班常会讲笑话逗她高兴，所以每天都想着 A 生，且想得上课不专心且常流眼泪。治疗师重建 AB 个案之"想念的路径"，及治疗手势与咒语之后结案。

（十一）10 大生命难题施测标准化程序训练

治疗师于 D+11 日教师晨会时间，宣布各年级学生的各种反应，并说明 10 大生命难题调查，对各班导师、各学年和全校辅导的价值。发给每位老师调查表、程序表及问卷，每人一份（以及各班级全班问卷），治疗师说明施测的标准化程序表及指导语。

（十二）全校学生接受 10 大生命难题调查

D+12 日早上 8：00—8：40，全校各班统一施测。辅导处协助 coding 作业，治疗师负责跑 SPSS 及撰写报告，并协助辅导处依数据拟定全校各年级的辅导计划。

（十三）亲师生命教育讲座

治疗师于 D+13 日下午，对学校教师与家长，提供校园生命教育与儿童创伤征兆辨识的专题演讲。

（十四）追踪治疗

治疗师于第三、四周，提供后续相关个案的追踪治疗。

四、结语

这次校园危机处遇的过程，得到校长及各处室主任与全校教师的协助，在第三周即已完全控制创伤效应。虽然血案发生在校园，且目击者近 200 人，但整个处遇过程中，有几个重点，必须提出来，特别加以注意：

（一）小事件也会引发死亡反应

本案例中，孩子未闯什么大祸，未犯什么大过。老师未处罚，也未厉声言斥。孩子也是逃避面对难题，却阴错阳差引发了意外坠楼死亡的结局。不论"小孩为什么敢逃走？""小孩为什么敢爬上栏杆？""该不该叫学生去找学生？"每一个老师都必须抛弃心中的成见——大事件才会引发大反应。每一位老师都必须小心，敢于正面违抗"师－生权力系统"的孩子，"可能！做得出任何事情来！"小心啊！老师愈来愈难做！

（二）撞针事件其实是最后一根稻草

本案例中，如同前述的微小事件，导致儿童死亡的原因。A 生会发生意外，第一个原因是他敢从老师面前逃走。第二个原因是他敢爬上栏杆。师生权力系统未倒错的孩子，再畏惧返家也不敢逃走，再冲动也不敢爬上栏杆。本案就是标准的撞针事件，它引爆的是孩子日积月累的原始创伤。所以，是孩子原先已有问题，才会让这事件变成如此。如何去辨识有问题的孩子，不要让危机随便发生，也就成为重大的课题。当然，师生权力系统倒错与亲子权力系统倒错，就成为两大判断标准。

（三）轻微或间接创伤事件，也会引发原始创伤，而出现巨大的创伤后行为反应

本案例中，几个接受特别心理治疗的个案，都只承受轻微或间接

的创伤经验。但这却变成导火线，引爆了原始的创伤，而导致激烈的创伤行为反应，而且还有延宕 1 ～ 2 周的现象。所以，千万别以为小孩子看起来没事，小孩子没看到什么，没什么关联，就认为不须接受心理治疗，而延误了心理治疗的黄金期。不论是 A 生、B 生或这些个案或全校众多轻微心理创伤案例，他们那些直接或间接、重大或轻微创伤若未获得适当的治疗，就内化为人格的原始创伤，而不知由哪个撞针事件所引爆。

（四）封锁现场

本案例中，学校立即宣布不下课，但现场的管制与遮蔽物的建立则稍有不足。所以，各校紧急处理小组的人员编制，应加入专责封锁与管制现场的人员，才能降低目击现场人员的数量。危机处理小组务必详实分工，举凡各项广播器具的使用，遮蔽、管制对象的定点贮置，危机处理流程与分工表的定点悬挂，各个职务代理人等，都必须沙盘推演与实作演练。否则，万一有事发生，难保处置得宜，包括发言人的指定，校长在第一时间通报上级，主任在第一时间通报督学，导师在第一时间通知家长，相关会议记录的呈送，全校教师达成共识等，一个也不能漏掉。

（五）心理创伤的延宕性反应

本案例中，有好几位小朋友，是在第 2 或第 3 周，才表出延宕性的创伤后行为反应。或者说，他们的创伤后行为反应，直到第 2、3 周才被导师辨识出来，才转送辅导室转诊。所以，各级学校教师，对于重大创伤后反应性行为的辨识，自杀行为的征兆与心理危机的判断，应有完整的知识与能力。

（六）音乐治疗

本案例中，大量运用音乐治疗的技术，场面温馨效果良好。对于班级、年级与全校规模的超大型团体治疗，是非常有用的工具。在本案例中也发现，各班导师或教师如有说明、引导并进行机会教育，如与教师说明并请托事项都做到了，孩子真的有所感动而完成治疗与生命教育的双重目标。但是，当导师未如此行事时，有些孩子就不知道在唱些什么东西了。因此，如何达成教师的共识，是非常重要的关键。

（七）校舍安全

本案例中，学校的水泥栏杆与柱子之间，横插了好几条不锈钢管。建校以来都没人爬过，但 A 生爬了。可是学校走廊边的栏杆，如果从左到右都是水泥壁，小孩子就无可着力的阶梯，而快速爬上又转过去，却快速滑下。许多校舍建筑的栏杆，是密实无可着力的。但许多学校的栏杆，却也是横条的水泥块，中空处让孩子可轻易当台阶踩上去。所以，校舍建筑的安全性，务须确实改善。

（八）案发现场

本案现场为校园中偏僻的角落，故未再进行相关处置。但在其他学校的案例中，头破血流脑浆四溢处，不乏为明显或人行道旁。这种情形，则建议学校以大型盆栽布置祈福树，校长于传达后率老师挂上祈福卡，并呼应全校学生自行前往来悬挂祈福卡，用以表达心中的哀思与祝福。如此一来，不但发挥生命教育成效，也可把案发现场从阴森禁地变成祈福地。

PART 6

机构（军、警、学校）自（伤）杀事件之处遇模型

一、自伤（杀）个案的现场处遇技巧

（一）案发第一现场的处遇

1. 急救并送医。

2. 保留并管制现场，报请相关单位勘验完成后，立即清理恢复现场。

（二）包扎完成归建后与病床上恢复期的处遇

1. 第一阶段——被动响应期

（1）造访次数重于造访时数：

A. 造访次数愈多愈好。

B. 每次造访时数不一定要长，造访前期时数要短，随着关系建立才慢慢加长。

（2）表示"我关心你"、"我在乎你"，先于"你怎么了啦？"、"让我帮助你"。

（3）"我喜欢你"、"我信任你"等关系的建立，是本阶段最重要的目标。

（4）"陪伴"与"倾诉"，是本阶段的核心工作。

2. 第二阶段——质问期：三段式心理发展历程与响应

（1）这怎么可能？←同理←确认←已经发生。

223

（2）怎么会是我？←同理←确认←就是你。

（3）我该怎么办？←同理←难过的心、不甘的心←受苦的人。

3. 第三阶段——重建期

（1）自我中心定位。

（2）价值系统定位。

（3）自我观之重建。

（4）生涯计划之重建。

（5）协助进入生活模式。

（三）自伤或自杀者来电求助之处遇

1. 已进入自伤（杀）程序之个案

（1）持续谈话，维持生命象征。注意！什么话都能说，以维持通话为主。

（2）告诉案主，如何自我解救（止血／灌水／开窗／关煤气／……）。

（3）告诉案主，我去或我找人来看你好不好？

2. 准备进入自伤（杀）程序之个案

（1）谈话内容：依照危机等级表的次序，循序而上。

$$6-\boxed{Y}\sim\boxed{V}\rightarrow 5-\boxed{U}\sim\boxed{S}\rightarrow 4-\boxed{R}\sim\boxed{P}\rightarrow 3-\boxed{O}\sim\boxed{K}$$
$$\rightarrow 2-\boxed{J}\sim\boxed{H}\rightarrow 1-\boxed{G}\sim\boxed{A}$$

（2）不要否定对方。

（3）我们在乎你。

（4）主动安排面谈。

3. 已发生自杀动机之个案

（1）谈话内容：同上，循序而上。

（2）注意对方声调，是否由小变大，由弱变强，由低变高。当对方音调往上爬升，且主动发言时，即逐步进入第6等。

（3）当对方从自杀的念头转移，开始焦注某"事件"时，谨即转入"一般咨询程序与结构"，积极对人作响应。

（4）引发求助动机，协助安排面谈，或转介生命线。

（5）如有转介，请预留追踪辅导，或补救措施的联络渠道。

二、自伤（杀）事件的外部公关技巧

（一）案主亲友的处遇

1. 现场面质——面对家属的指责时

（1）无论第一现场是在机构内，还是部门外；也不论是案发之后第一时间，还是现场重建；抑或是祭拜仪式，或是协调会。机构代表人员面对案主亲友时，必须采取"绝对的低姿态"。

A. 温和有礼的态度，谦恭专注的神情。

B. 被指责时，不抗辩、不呵斥、不生气、不臭脸、不一副无辜的样子，尤其是——我什么也不知道，和我一点关系也没有，我只是一个代表。

C．你可以表示：

①同情对方的心情与动机：

你的心情非常的……，看你的样子就知道你的心一定非常的……，你好像很想……。

②表达自己相同的心情与动机：

我很难过，我发现这件事情的时候我就觉得……，看到你／你们时，我更觉得……。

③表达自己想去解决后事及协助家属的坚决心意。我一定会……，我一定要……，我会努力尽我所能来帮助……。

D．你一定要传达：

①我负责。

②机构一定会负责。

E．禁忌——你绝对不可以说：

①我没办法决定，等我呈报上级再……。

②我们会详细调查，机构该负责的部分，机构一定会负责。

③其实，家属也要负责，原因可能不单纯……。

F．承诺：

①你可以承诺，你要努力去沟通、协调与执行的事件，并且充分传达，你和对方一样的立场，一样迫切的心思。

②你不可以代表机构，做出任何未经授权的承诺。

③你更不可以没有任何承诺。

（2）以案主及家属利益为中心的会谈原则：

无论是第几次的见面或会谈，谈话的内容都必须以案主及家属的利益为中心。

A．任何调查行动的预设：都是先认定案主是好的，如果不好可能是遭受别的因素影响。

B．任何补救措施的方向：都是以帮助案主与家属，恢复往日情景，重建美好生活为指标。

（3）实时信息供给与行程安排"运输"的提供：

A．保证实时提供所有最新信息，保证绝不隐瞒或回避。

B．主动安排相关行程，并提供一切运输协助与礼遇。

（4）确保案主与家属之隐私权：

A．主动提醒与征询，是否同意于公众媒体曝光，及可能面临的不便与干预。

B．向对方保证，有关隐私部分，未获同意绝不曝光。

（5）主动提供家属有关案主心理重建之技巧：

A．自伤（杀前后），案主会有下列需求：

①孤单寂寞——想要有人陪伴在旁。

②伤心难过——需要有人说好话，展欢颜。

③无助无力——希望有人支持他，给他依靠，给他承诺。

④懊恼愤怒——期盼要有人同情，有人接受，充分表达懊恼与愤怒，并能得到适当的发泄与舒解。

B．告诉他身为亲人该怎么帮助自伤（杀）者（注意禁忌）。

①全时陪伴→不要抱怨、不要质问。

②生活照顾→不要劝善、不要规过。

③和颜悦色→不要哀求。

④温言软语→不要责骂。

C．如何向专业机构求助：

①想办法，让案主愿意接受专业协助，或不经意告知希望热线4001619995 电话。

②征得案主同意下，联络机构心理辅导单位，或社会心理咨询专业机构，进行床边辅导。

（6）主动提供相关善后行动之协助：

A．主动提供案主与家属，充分的医疗协助。

B．主动提供案主与家属经济、就业生活与各项社会福利的援助与转介。

C．如有安葬或祭奠，务必全程主动安排或尽力协助安排；仪式前家访致意与仪式中的祭祀，务必不嫌跪泣与不避繁礼。

（7）主动提供长期追踪访视与协助：

意外或冲突事件结案时，应即订定长期追踪访视与援助方案。对案主或家属，提供长期而定时追踪访视，并实时伸出援手。

（二）媒体公关的处遇

1．分级媒体公关计划的拟定与执行

（1）各级单位应就辖区或营区所在行政区域，对该区域之相关媒体，执行日常媒体公关作业。

A. 制定不同层级单位之媒体公关计划。

B. 建立例行的沟通渠道。

C. 开放紧急联络窗口。

D. 建立与维持熟稔之人际关系。

E. 日常供稿与主动提供专访，应公平分配。

2. 机构及媒体公关作业之确实执行与督导。

3. 紧急或意外事件之整合性媒体公关计划：

（1）针对不同大小行政区，各级人员应如何联合执行，媒体公关作业的分工计划。

（2）建立不同层级单位公关发言人制，并给予充分培训。

（3）针对如何紧急召开记者会，建立相关各项作业准则。

（三）紧急或重大事件的媒体处遇

1. 紧急行动的决策项目必须包含

（1）发言人授权内容。

（2）信息公布内容。

（3）公布之次数、时间、地点与方式。

2. 第一时间召开记者会

首次记者会的召开，应于案发之第一时间主动执行。故相关紧急行动的决策，必须快速有效。

3. 分阶段主动召开记者会

依案情的"社会紧张度"与"媒体关注度",择时持续召开记者会,主动发布不同阶段的最新信息。

4. 记者供稿的准备——应有三~四级规划

(1)初级资料——公开的新闻稿。

(2)中级数据——记者会时发布。

(3)后级资料——记者主动采访时发布。

(4)特级数据——记者深度采访时提供。

5. 记者冲突性采访的"顺应"

(1)顺应是最高指导原则,绝不可悍然拒绝,或恶言相向。

(2)顺应仍是最高指导原则,现场人员可以不合作,却不可斥责,而应立即联络层级负责人员处置。可以有问必答,却是答非所问,或答似未答,绝不可以出现嫌恶表情。

(3)高层协商是最后补救手段,如有暂时不宜公开的影像或文字数据流出,不是向记者拦截毁损拍摄工具。而是请相关负责人员,向报社社长或总编辑求援,以高层协商方式取回相关影像文字。

(4)禁忌——绝对不要排挤记者,或是斥责记者,或是抢夺毁损采访机具。

6. 受访

(1)日常实施"发言人制"的部门教育,养成"非发言人"不得对媒体发表意见的"常识"。

（2）若拒绝受访，皆应回答：我不是发言人，不便受访，可否转请访问发言人。

（3）发言人应注意案情发展，掌握决策层级意图，及时主动沟通获得最新授权，才能坦然面对媒体。

（4）应认定记者是正向的协助者，协助我方向社会大众沟通，而非负向的破坏者。

（5）面对非理性的质问，可以说"不予置评"或"另期说明"，或"……"。绝不能吹胡子瞪眼，表示出防卫姿态，或给予人身攻击。

三、自伤（杀）事件的内部集体心理重建技巧

（一）目睹或进入案发现场或相关的人员

1. 小组会报团体

搜集目睹或进入案发现场相关的同僚（好友或生活同伴）人员名单，调阅基本数据后，以团体方式召开"小组会报团体"，建立一套共同的诠释性观点，包括：

（1）怎么了？

（2）为什么会这样？

（3）大家会怎么想？

（4）部门该怎么办？

（5）我们该怎么办？

（6）我可以帮上什么忙？

（7）类似状况的疏解管道为何？

2. 个别面谈辅导

团体中表出强烈或受创而抑郁退缩者，皆应于第一时间，约订个别面谈辅导。评估案主受创种类与等级，给予适度的心理咨询。若身心症状出现，且有强迫性行为倾向者，宜转介上一级心理辅导单位，或转介至精神医疗单位。

（二）机构同僚

1. 大型集会统一声明

利用固定大型集会，或临时召集大型集会，主动发布、统一声明，并注意下列事项。

（1）统一声明的决策会议：

决策层级应快速制订统一之声明，切忌隐瞒、巧变与拖延。

（2）统一声明的干部会议：

立即召开干部会议，宣布统一声明，要求各级干部配合协助倡导。干部如有疑虑，应会议中解答，如未能完全解答，宜告知在第二阶段中，会合理处置本项问题，并事先告知与协商。

（3）统一声明机构（部门）集会：

尽速召集全员集会，宣布统一声明，并回答同僚的疑问与要求。

回答问题时，应以和缓的口气，诚恳的态度与公开公正的原则，来面对每一个人。如遇有未获满意或未能解决状况，应保证会后项目察查，并另行公开说明。

2. 统一声明的内容

内容包括"小组会报团体"所确认的事项，及决策会议所诠释的统一观念，包含：

（1）发生了什么事？

（2）可能原因的察查与分析。

（3）引起的各种后效和反应。

（4）机构（部门）拟订的解决办法与程序。

（5）为了避免连锁反应或不必要的困扰，请大家共同配合，将各种伤害降至最低，对自己？对同僚？对媒体？

（6）类似状况的疏解与预警通报管道为何？

（7）机构长官的心情与公开承诺。

（三）心理重建之阶段性任务

1. 第一周——冲击期

案发后第一周为"冲击期"。每个人议论纷纷，流言四窜众说纷纭，各人依心理强度与社会心理关连，而遭受不同程度冲击。各人亦掌握不同消息管道，而有不同的诠释与行为反应。这个阶段拉得愈长，对团体与个人的破坏力愈大。前述之各项作为,皆应于本阶段执行完毕,才能结束本期的负面影响。

2. 第二、三周——调适期

案发后第二、三周为调适期。每个人面对统一声明的共同观点,去调适自己原有观点与反应,包括自我调适行为,同辈团体调适行为与大团体调适行为。这个阶段会出现各种自我防卫机转,或是正向或是负向或是偏向或是偏向或是投射,或是抗拒或是顺应,或是说服或是被说服,或是激辩或是沉默,或是斥责或是同情,或是激动或是冷漠。

3. 第四周——顺应期

案发后第四周起,即进入顺应期。大家把注意力,恢复到自己生活焦点与习惯。不论有无疑惑是否已经解决,都会被"存而不论",而关注于自己人生的苦乐哀愁。这时候,机构宜利用大型集会,声明:"事件已经过去,我们已努力降低各种伤害,我们也已努力检讨并执行防治措施。希望机构全员,都能记取教训,为展望更好的未来而努力"。将全员的集体潜意识,统一于共同的问题意识,并提供明确的、共同行为模式。各级干部应注意所属人员,是否有人仍停留于"冲击期"或"调适期"。心理辅导单位宜召集这些人员,以团体或个别会谈方式,协助他们渡过这些心理创伤,尽快恢复属于他们自己的正常生活。

（四）其他途径

1. 耳语与集体心理重建

（1）注意各种耳语的流窜，负向耳语应予防治。

（2）主动传播各项正向耳语。

2. 媒体报道与集体心理重建

（1）主动监看各种媒体的报道内容。

（2）发现负面报道，应"立即"于各种集会提供充分说明，避免放任伤害之扩大。

（3）主动发布正面之新闻稿，或是专论，或是专题采访。

3. 刊物与集体心理重建

主动在内部刊物中，登载统一声明及正面诠释的文章。

4. 活动与集会心理重建

针对案发事件相关的正向主题，提供各种直接或相关的支持性活动。

图书在版编目（CIP）数据

自我伤害防治心理学 / 林昆辉著. －北京：电子工业出版社，2015.6
ISBN 978-7-121-26061-2

Ⅰ.①自… Ⅱ.①林… Ⅲ.①自杀－预防－心理干预－研究 Ⅳ.①B846

中国版本图书馆CIP数据核字（2015）第100104号

策划编辑：白　兰
责任编辑：张　轶
印　　刷：中国电影出版社印刷厂
装　　订：中国电影出版社印刷厂
出版发行：电子工业出版社
　　　　　北京市海淀区万寿路173信箱　　邮编：100036
开　　本：710×1000　1/16　印张：14.75　　字数：280千字
版　　次：2015年6月第1版
印　　次：2023年11月第6次印刷
定　　价：45.00元

凡所购买电子工业出版社图书有缺损问题，请向购买书店调换。若书店售缺，请与本社发行部联系，联系及邮购电话：（010）88254888。

质量投诉请发邮件至zlts@phei.com.cn，盗版侵权举报请发邮件至dbqq@phei.com.cn。

服务热线：（010）88258888。